U0379092

面白くて眠れなくなる植物学

有趣得让人睡不着的植物

[日] 稻垣荣洋 著
周唯 译

北京时代华文书局

图书在版编目（CIP）数据

有趣得让人睡不着的植物 /（日）稻垣荣洋著；周唯译．— 北京：北京时代华文书局，2019.5（2025.4 重印）

ISBN 978-7-5699-2988-1

Ⅰ．①有… Ⅱ．①稻… ②周… Ⅲ．①植物－青少年读物 Ⅳ．① Q94-49

中国版本图书馆 CIP 数据核字（2019）第 063129 号

北京市版权局著作权合同登记号　图字：01-2024-0163

有趣得让人睡不着的植物
YOUQUDE RANG REN SHUIBUZHAO DE ZHIWU

著　　者 | [日] 稻垣荣洋
译　　者 | 周　唯

出 版 人 | 陈　涛
选题策划 | 高　磊
责任编辑 | 徐敏峰
执行编辑 | 洪丹琦
装帧设计 | 程　慧　段文辉
责任印制 | 刘　银　訾　敬

出版发行 | 北京时代华文书局 http://www.bjsdsj.com.cn
北京市东城区安定门外大街 138 号皇城国际大厦 A 座 8 层
邮编：100011　电话：010－64263661　64261528
印　　刷 | 河北京平诚乾印刷有限公司　　电话：010-60247905
（如发现印装质量问题，请与印刷厂联系调换）
开　　本 | 880 mm × 1230 mm　1/32　印　　张 | 6.5　字　　数 | 104 千字
版　　次 | 2019 年 6 月第 1 版　印　　次 | 2025 年 4 月第 27 次印刷
书　　号 | ISBN 978-7-5699-2988-1
定　　价 | 35.00 元

自序

“天空不能没有星星，大地不能没有花朵，人间不能没有爱。”

这是18世纪时期，德国诗人歌德的诗句。

歌德是一代文豪，同时也是一位伟大的自然科学家。除了诗歌，歌德还为我们留下了这样的文字：

“花是由叶子变形而成的。”这句话出自歌德1790年的《植物变形记》一书。

歌德的这个说法究竟是不是真的呢？

确实，花瓣和叶子有着十分相似的地方。叶片中分布着可以输送水分和营养的筋，这种筋被称为叶脉。如果我们仔细观察花瓣的话，会发现花瓣中也分布和叶脉十分相似的结构。花瓣中的这种结构被称为“花脉”。这样看来，花朵似乎确实是叶子变成的。

花朵里，还有雄蕊和雌蕊之分。那么雄蕊和雌蕊都是由叶子变形而成的吗？

在花朵的众多品种中，有一种花的花瓣是多层的。这种花瓣层层重叠的花朵，被称为“重瓣花”。而重瓣花的花瓣是由雄蕊和雌蕊变化而成的。如果说花瓣是由叶子变形而成的话，那么雄蕊和雌蕊就也是由叶子变形而成的。

在歌德写出《植物变形记》的170多年后，他的主张终于被分子生物学证实了。这种理论被称为“ABC模型”。

拟南芥这种模型植物的遗传基因发生突变的话，花朵的各个器官将全部变成雄蕊。因为这种变异体只生产出“雄”蕊，所以被称为Superman基因。

随着研究的逐步推进，人们发现，花朵中各个器官的形成都是由A、B、C三类遗传基因组合形成的：A类基因单独决定了萼片的发育；A类基因和B类基因一起决定了花瓣的发育；另外，C类基因单独决定了雌蕊的发育；C类基因和B类基因则一起决定了雄蕊的发育。如果这三种基因都不存在的话，那就是叶子了。

至此，我们已经弄清楚了叶子变成花的模式。

但是，“为什么花是由叶子变成的”这个问题，并不仅仅包含着“怎么变成的”这一层意思，还隐藏着“为什么”这个疑惑。

那么，植物究竟为什么要把叶子变成花呢？植物的花朵为什么都那么漂亮呢？还有，为什么蒲公英的花朵是黄色的，而紫罗兰的花朵却是紫色的呢？这样认真一想的话，植物的世界里还真是充满了问号啊。

虽然我们对于身边的这些植物早已习以为常了，但这些植物绝不是漫无目的胡乱生长的。植物的世界里充满了一个个谜团。而本书，就将为你解开这些与植物相关的小谜团。

说到“植物学”，可能大家都会对它有一种无聊乏味、艰深晦涩的刻板印象。但实际上，植物学并不是大家想的这样。

说到这里，就让我们打开植物学的大门，一起来看看不可思议的植物世界吧。有趣得让人睡不着的植物世界，开始啦！

目录

Part 2 有趣的植物学

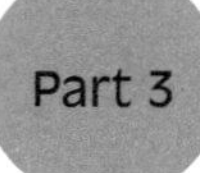

Part 3 开始读就停不下来的植物故事

Part 1

了不起的植物

11235
132134

大树究竟可以长到多大呢

巨树是怎样吸收水分的呢

在日本最古老的历史书《古事记》中，记录了一则关于巨树的传说。传说在大阪的南边，有一棵非常大的樟树，它的影子甚至能覆盖到大海对面的淡路岛。这该是一棵多大的巨树呀！

就算达不到传说中的巨树那样的高度，在镇守神社周围的树林这些地方，也耸立着许多参天大树。那么，巨树的树干究竟能生长到多高呢？

植物都是通过地下的根吸收土壤里的水分的。而这种高大到需要我们抬头仰望的参天巨树，是怎样把水分运送到树顶的呢？这是一个问题。

植物的体内竟然有吸管

人类和动物一样，都拥有着像泵一样的心脏。心脏可以帮助我们将血液输送到头顶。动物中个头最高的长颈鹿，就是以将近人类两倍的血压来输送血液。但是，用强力血压来输送血液的长颈鹿，个头最高的也只有3米。所以就算是拥有像泵一样的心脏，想要把水输送到5米的高度也是非常困难的。

除此之外，还有借助大气的压力输送水的方法。

我们身边的空气其实也是有重量的。比方说，我们把手掌向上摊开，手掌上面就托着空气。想象一下，我们手掌上的空气其实是从天空一直到遥远的大气圈空气的堆积。这样的空气，1平方厘米上的重量大约是1千克。也就是说，我们摊开的手掌上面，托着数十千克的空气。虽说如此，我们却完全感受不到空气的重量。这是因为我们就生活在空气当中，我们摊开的手掌下面也有空气，我们的体内也充满了空气。因此我们并不会有被空气挤压的感觉。

如果把管子里的空气抽空，使它变成真空状态的话，在外界空气的压力下，管子中的水就会被压上去。

就像我们用手堵住吸管口，再把它从杯子里往上提，吸管里的水就可以到达一个高于杯子里水面的高度一样。“虹吸”正是这个道理。

那么，如果我们有一根足够长的吸管，可以把水升到多高呢？实际上，用这个方法的话，10米也就是极限了。1平方厘米上空气重量大约是1千克，1立方厘米水的重量也是1千克。也就是说，在水柱到达10米的高度时，就和大气的重量均衡了。

但是，世界上超过10米的巨树比比皆是。这些巨树究竟是怎样把水分运送到那么高的地方的呢？

秘密就是：蒸腾作用。

植物的叶子上，分布着许多可以让空气进出的气孔。植物体内的水分变成水蒸气，通过这些气孔排出。这个过程就叫作蒸腾作用。

在植物的体内，水分从气孔一直连接到根部，形成一条小水柱。因此，当水分通过蒸腾作用排出后，就会有相应的水分被吸上来。这就和我们用吸管喝水把水吸上来的原理一样。

◆ 蒸腾作用的结构

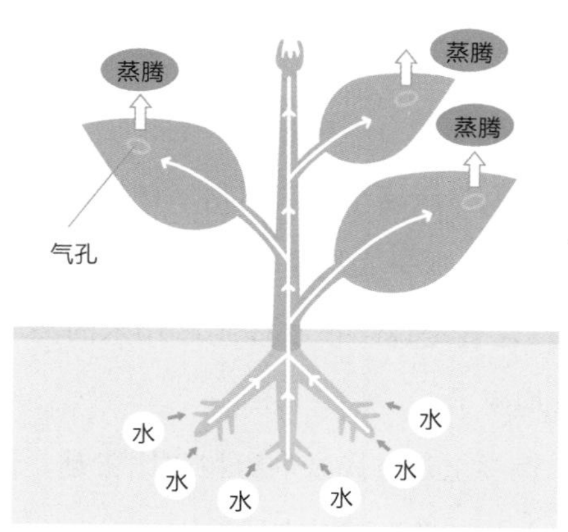

通过蒸腾作用把水吸上来

据计算，这种蒸腾作用产生的拉力，可以把水吸到130—140米的高度。想象一下，就算我们有一根足够长的吸管，在超过100米的高度上把水吸上来也几乎是不可能的。但是，蒸腾作用就可以发挥出这么强大的力量。

世界上现存最高的巨树是位于美国加利福尼亚州的一棵巨型红杉树，据说它高达115米。这个高度相当于一座25层的大楼。就算如此，理论上来说140米也是巨树高度的极限了。所以很遗憾，传说中那棵影子可以覆盖淡路岛的巨树，应该也只是一个传说而已。

植物的达·芬奇密码

在电影中登场的神秘数字

电影《达·芬奇密码》讲述了一个由一起命案所引发的神秘故事。主人公靠解读达·芬奇名画中隐藏的密码，最终破解了耶稣之谜。

电影中，地下金库的密码是一串这样的数字："1 1 2 3 5 8 1 3 2 1。"

这串数字按照一定的规律排列而成。一旦掌握了这个规律，就再也不会忘记这串数字了。也就是说，不管什么时候都可以轻松地记起这组地下金库的密码。

"1 1 2 3 5 8 1 3 2 1。"这串数字到底有什么含义呢？

可能很多人都会用生日之类年月日的日期，或者电话号码等的数字作为密码。但是，这串数字却没有这么简单。

实际上，这串数字是由"1、1、2、3、5、8、13、

21”八个数字组成的一组数列。再往下继续排列的话，就是“1、1、2、3、5、8、13、21、34、55……”

这组乍看之下是胡乱排列的数字，究竟有什么规律呢？大家试着想想看吧。

潜藏在自然界中的神奇数列

“1、1、2、3、5、8、13、21”这组数列其实有着这样的规律：后项等于前两项之和。也就是说，1+1=2，1+2=3，2+3=5，3+5=8，5+8=13……以此类推可以继续算出后面的数字。

这组数列被称为斐波那契数列。

这组数字虽然看上去非常特殊，但是实际上，大自然中的很多事物都符合斐波那契数列的规律。

举个例子，我们假设一对兔子在出生一个月后成年，第二个月开始每月生一对兔子。

第一个月的一对兔子，在第二个月就变成了两对兔子。到了第三个月，最初的一对兔子又生了新的一对兔子，也就是说，这时总共有3对兔子。以此类推，第四个月共有5对兔子，第五个月共有8对兔子……我们可以发现，生物的繁殖方式完全符合斐波那契数列的规律。

◆ 兔子的繁殖方式符合斐波那契数列

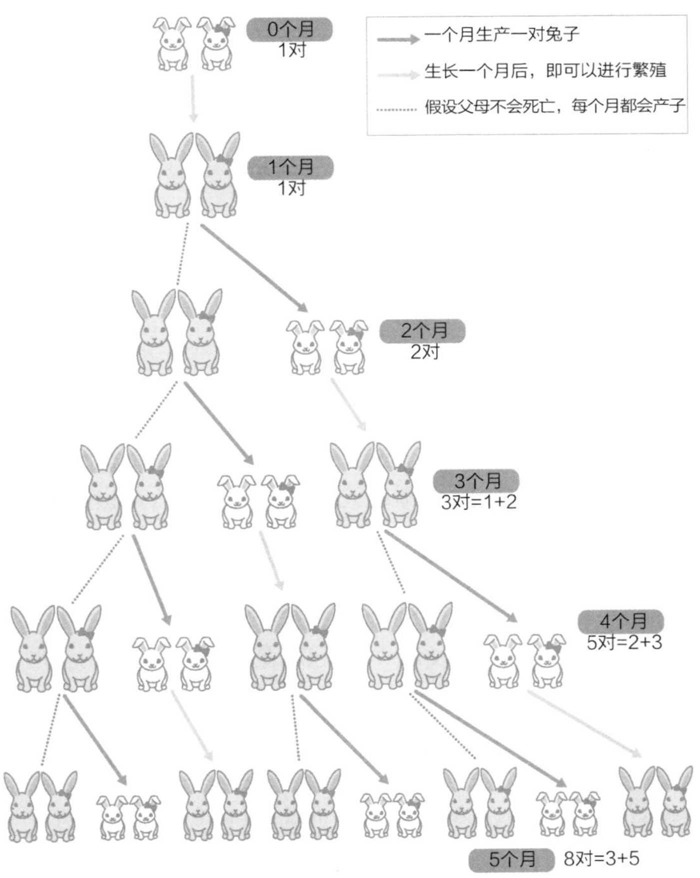

斐波那契数列：
1、1、2、3、5、8、13、21、34、55、89、144、233、377……

符合斐波那契数列的植物

现在让我们把斐波那契数列中后一项的数字除以前一项的数字。比如说，3除以2得1.5，5除以3得1.67，8除以5得1.6。随着数列项数的增加，后一项数字除以前一项数字的值将越来越逼近1.618的黄金比例。而黄金比例，被认为是一种最有美感的数学比率。

不可思议的是，植物的生长竟然也遵循着这种黄金比例。

植物的茎上叶子生长的位置，并不是毫无规律胡乱分布的。

为了使所有的叶子都能充分均匀地照射到阳光，植物会将叶子稍微错开排列。这种叶子的排列方法叫作：叶序。而叶子要错开多少角度，则是由植物的种类决定的。

比如说，有以360度的1/2，也就是180度角错开的。也有以360度的1/3，也就是120度角错开的。以这样角度错开的叶子，从下面往上数三片，就刚好转了一周回到了最初的位置。此外，以360度的2/5，也就是144度角错开的情况也有。以这种角度错开的情况，我们从下面往上数，数到第五片叶子的时候，就转了两周回到了最初的位置。也就是说，我们只要数一下有几片叶子转了几周，就可以知道叶子错开的角度了。除了上面提到的那些，还有以360度的3/8，也就是135度角错开的情况。

◆ 植物叶子的生长方式也符合斐波那契数列

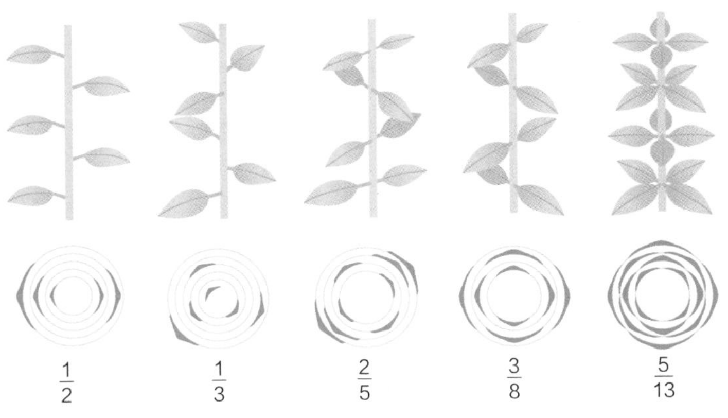

1/2、1/3、2/5、3/8、5/13……

实际上，这组分数的分子和分母，都是各自按照斐波那契数列排布的。植物的叶子按照斐波那契数列分布的这一规律，被称为兴柏-布朗定律。

独具匠心的叶片分布

用360度除以黄金比例1.618，可以得到222.5度。而从角度较小的那一侧看，是137.5度。这个角度，是遵循斐波那契数列规律的最精巧的角度。植物的叶子以这样的数列规律排布的话，所有的叶片都不会重叠，可以充分地吸收阳光。此外，还可以使茎的强度更加均衡。

话虽如此，因为无法做到以如此复杂的黄金比例来分布叶子，而以接近137.5度的、360度的2/5（144度）或是360度的3/8（135度）的角度来分布叶子的植物也有很多。

植物竟然可以运用黄金比例这样复杂的数列，这可真是太不可思议了。

鲜花占卜的必胜法

不能用大波斯菊来进行鲜花占卜?

女孩子们常常会用鲜花来进行占卜。

所谓的鲜花占卜，就是一边揪下花瓣，一边数着“喜欢”“不喜欢”“喜欢”“不喜欢”的占卜活动。通过这种方式数到最后，就可以测出我们单恋的对象到底喜不喜欢自己。

但是这种鲜花占卜术，是不能用大波斯菊来进行的。

因为大波斯菊的花瓣是偶数，8瓣。因此不管我们数多少次，最后剩下的都是表示“不喜欢”的花瓣。不过，如果一定要用大波斯菊来进行占卜的话，从“不喜欢”开始数就没问题了。

如果用花瓣稍微多些的鲜花来占卜，会是什么情况呢？比如说金盏花。金盏花的花瓣是奇数，13瓣。这样的话，我们通过鲜花占卜就会得到“喜欢”的结果了。

◆ 花瓣的数量具有规律性

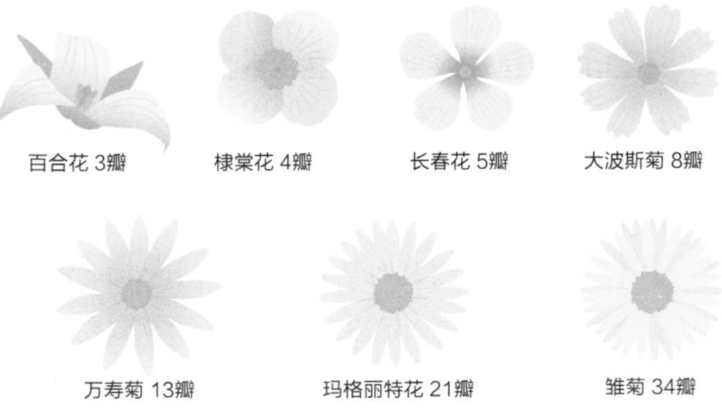

让鲜花占卜的结果为“喜欢”的方法

确实，女孩子们在进行鲜花占卜的时候，都是满心期待来数花瓣的。事实上，根据花朵种类的不同，花瓣的数量其实是早就确定的。

玛格丽特花是鲜花占卜时最常用到的花朵。因为玛格丽特花的花瓣是21瓣，所以经常会被推荐用来进行鲜花占卜。如此说来，也难怪女孩子们都喜欢用它进行占卜。

还有一种和玛格丽特花长得很像的花：雏菊。但是雏菊的花瓣是偶数，34瓣。所以大家在进行鲜花占卜的时候可一定要注意不要用错呀。

此外，太阳花也经常被用于鲜花占卜。太阳花的花瓣是奇数，55瓣，所以也是非常适合用来进行占卜的花朵。

但是，如果是花瓣数量非常多的花朵的话，根据营养条件的不同，花瓣的数量是会发生变化的。所以说，如果用玛格丽特花或是太阳花占卜出“不喜欢”的结果，也不能说全然没有可能。

花瓣数量竟然也符合斐波那契数列

让我们再一起来看看其他花朵的花瓣数量吧。

大家知道樱花花瓣的数量是多少吗？

樱花是日本的象征。不论是2020年东京奥运会的徽章，还是日本相扑协会标记，都采用了樱花元素。

樱花的花瓣有5瓣。

那么，百合的花瓣有几瓣呢？

百合的花瓣虽然看起来有6瓣，但是实际上只有3瓣。百合花内侧的3瓣是花瓣，而外侧的3瓣，其实是由花萼变形而来的。

让我们来看看花瓣的数量，百合花是3瓣，樱花是5瓣，大波斯菊是8瓣，金盏花是13瓣，玛格丽特花是21瓣，雏菊是34瓣，太阳花是55瓣。

3、5、8、13、21、34、55……

让我们来观察一下，这组数据的规律是不是感觉在哪里见到过？

没错，实际上植物花瓣的数量，也遵循着我们在前文介绍过的斐波那契数列的规律。

植物花朵的部分，原本就是由叶子分化而成的。就像叶子为了实现最高效率，以斐波那契数列进行排布一样，花瓣为了实现最优最均衡的排布，也采用了斐波那契数列。

大自然的创造者可真是一位伟大的数学家啊。而植物中竟然蕴含着如此美丽的数列，也真是一件不可思议的事。

◆ 樱花的花瓣有5瓣

所有的花朵都遵循着美丽的数列

但是，我们继续观察一下就会发现，在花朵中也有着例外存在。

比如说，以“菜之花”的别名为人们所熟知的油菜花，它的花瓣数量就是4瓣。再继续寻找观察的话，就会发现花瓣数量是7瓣、11瓣或者18瓣的花朵也是存在的。

那么这些植物，是不是就逃脱了斐波那契数列的束缚了呢？

我们再仔细观察一下这些数字就会发现，4、7、11、

18……这样的排列组合，其实和斐波那契数列一样，都是按照后一项等于前两项之和的规律排列的。

斐波那契数列中，最开始的数字是1，下一个数字也是1，以此类推下去，就是1、1、2、3、5……而如果最开始的数字是2，下一个数字是1的情况，数列就变成了2、1、3、4、7、11、18……这样的数列和斐波那契数列非常相似，被称作卢卡斯数列。

果不其然，自然界中所有的植物花朵都暗藏着美丽的数列原理。

花儿究竟是为谁开

人类对花朵的单相思

人类对花朵可以说是非常喜爱了。

我们会给喜欢的异性送一大捧花束；会在花坛里种植漂亮的鲜花；会在墓碑前面，以鲜花祭奠。

但是很遗憾，植物却并不是为了人类才绽放美丽的花朵的。

当然，用作园艺观赏的改良花朵确实是按照人类喜好的颜色和形态绽放的，但是野生植物的花朵，却并不是为了供人类观赏而绽放的。人类对于花朵的喜爱，可以说是一种完完全全的单相思。

那么，植物究竟是为了谁而绽放花朵的呢？

花朵需要吸引小虫子们过来帮忙传播花粉，然后再进行授粉，获得种子。

而花朵美丽的花瓣和芬芳的花香，实际上也都是吸引小虫子们过来的道具。如此看来，花朵颜色和形态的形成其实都有着合理的理由。花朵们并不是随随便便胡乱绽放的。

早春花田的形成原因

早春时节的油菜花和蒲公英之类的花，花朵的颜色都是十分引人注目的黄色。而黄色，正是虻喜欢的颜色。虻是天气尚未完全转暖的早春时节最先开始活动的小虫子。早春时节的花朵为了吸引来虻这种小虫子，就会绽放黄色的花朵。

但是，虻这种小虫子也有个问题。

像蜜蜂一样的蜂类，会在同种类的花朵间飞来飞去。但是虻这种小虫子就没有这么聪明了，它们完全不会识别花朵的种类，只会在各种种类不一的花朵间飞来飞去。而这对于植物来说可就有些棘手了。

因为就算它们把油菜花的花粉运到蒲公英那里，也是无法结成种子的。油菜花的花粉必须要运送到同种类的油菜花那里去才可以。

那么，究竟怎样才可以让虻准确地为自己传播花粉呢？

植物很好地解决了这个问题。

早春绽放的花朵，具有成群地生长在同一场所（群生）的特性。在这样集中绽放的花丛间，虻不用飞往远处，在近处的花间飞来飞去就可以了。这样的话，就可以做到让虻只在同种类花朵间传播花粉了。因此，早春的花朵都会一齐绽放，形成一个个花田。

蜜蜂是花朵的最佳搭档

蜜蜂对紫色情有独钟，因此可以引来蜜蜂的紫色花朵，通常情况下都是分散盛开的。

像蜜蜂这样的蜂类，是植物期待的最佳拍档。

首先，蜜蜂是一种热爱劳动的昆虫。它们在以女蜂王为中心的家族中生活，并且为家族来收集花蜜。从植物的角度来看，蜜蜂的这种行为可以帮忙传播大量的花粉。

此外，蜜蜂还是一种非常聪明的小昆虫，它们可以识别不同种类的花朵并传播花粉。而且蜜蜂的飞行能力也非常出众，它们可以飞到非常远的地方。这样一来，就算花朵开得非常分散，蜜蜂也可以准确地传播花粉。

正是因为蜜蜂有着如此出色的能力，各种各样的花朵都准备好了丰厚的花蜜来迎接蜜蜂。但是随之而来，问题也出现了。

花朵准备好的丰厚花蜜，通常也会招来很多其它的昆虫。自己辛辛苦苦准备的花蜜，是肯定不能让其它的昆虫抢走的。那么，紫色的花朵究竟是如何把自己的花蜜只交给蜜蜂的呢？

藏在花朵深处的花蜜

上面提到的问题，植物自己非常圆满地解决了。

紫色的花朵为了只让蜜蜂来传播自己的花蜜，给昆虫们准备了一份能力测试。

稍加观察就会发现，紫色花朵的形状非常复杂。它们通常的形态大都是一种细长的构造，而花蜜则藏在这种细长构造的深处。此外，在花朵的花瓣上，还会呈现出一种蜜标，这种标志可以指示出花蜜的藏身处。想采蜜的昆虫要先看懂这种标志，然后潜入细长结构的深处，之后再倒退着出来。只有具备这些能力的昆虫才可以最终得到花蜜。

◆ 吸引来虻的黄色花朵和吸引来蜜蜂的紫色花朵

通过了重重考验，历经辛苦终于得到花蜜的蜜蜂，之后也会找可以按照这个方法吸食花蜜的花朵。因此，蜜蜂们都会选择飞向同种类的花朵。

但是蜜蜂毕竟也不是慈善家，它们并不是单纯为了植物的利益而将花粉运送至同种类的花朵那里的。

所有的生物都为了自身利益而行动。但是从人类的角度来看，蜜蜂这种完全利己主义的行动实际上却是一种互相帮助的行为。蜜蜂的行动，使它们和花朵达成了一种共赢的关系。自然界的构造，真是太巧妙了。

自然界的构造
真是令人钦佩!

蝴蝶为什么会停在菜叶上

停在菜叶上的菜粉蝶

小蝴蝶，小蝴蝶，停在菜叶上
厌倦了菜叶再停在樱花上

听到这首歌谣，我们脑海中立马会浮现出一幅蝴蝶在菜田的菜花间飞来飞去的场景。但是，在这首歌中，“菜花”并没有登场，歌曲中所唱的，其实是“菜的叶子”。

观察一下就会发现，童谣中唱到的菜粉蝶其实经常停留在菜叶上。菜粉蝶的幼虫是菜青虫，这种小虫子以油菜和卷心菜等十字花科植物为食。因此，菜粉蝶通常会在十字花科植物上产卵。

这首童谣原本的歌词，唱的其实不是“厌烦了菜叶再停在樱花上”，而是“这个菜叶不行，再停在那个叶子上吧”。

菜粉蝶能够通过腿尖来确认十字花科植物分泌出来的物质，所以菜粉蝶在一个又一个叶子上停留，其实是为了寻找十字花科植物来产卵。

昆虫竟然也挑食

那么问题又来了，为什么菜粉蝶的幼虫只吃十字花科的植物呢？不这么挑食的话，生存的空间不是会更大一些吗？

实际上，菜粉蝶的挑食也是有原因的。

很多昆虫都以植物为食，而植物为了防止这种虫害，体内会分泌出各类驱虫物质和毒性物质，以此来进行防御。

可是从昆虫的角度来说，如果不吃植物的话就会被饿死，所以只能找出分解毒性物质的方法，想方设法继续以植物为食。

但是，植物的种类不同，分泌出来的毒性物质也是不一样的。昆虫只能设定好目标植物，然后再通过不断钻研，掌握破解目标植物防御术的方法。

作为另一方的植物当然也不会轻易认输。一旦昆虫破解了自己的防御方法，植物就会开始思考新的防御术。而接下来，昆虫又会继续努力破解植物新的防御术。

双方真可谓是针尖对麦芒了。但是，植物也好昆虫也好，对于这件关乎生存的事情，是绝不可能认输的。菜青虫想要破解十字花科以外的植物的防御术，可以说是难于上青天。所以菜青虫也只好继续不断地研究新对策来对付十字花科植物的防御术。

昆虫和植物的共同进化

就像我们上面讲到的，植物和昆虫逐渐形成了一种特定的竞争关系，而这种竞争将会永无休止地持续下去。昆虫以特定植物为食的情况并不在少数，而这种情况的出现也是有原因的。

这是因为，昆虫和植物在竞争的同时，也在一起进化。这样的进化被称为“共同进化”。

这种共同进化的同伴，并不单单只限于竞争对手。

就像前文介绍的那样，花朵和昆虫的关系也是由共同进化所形成的。

比如说，想要让蜜蜂来帮忙运送花蜜的花朵，会将花朵进化成只可以让蜜蜂来吸食花蜜的构造。相对应地，蜜蜂也会慢慢进化成更易于钻入花朵内部的体态。如此一来，通过这种特定合作关系的形成，只让蜜蜂来吸食花蜜的特定花朵和只爱吸食特定花朵的蜜蜂就完成了共同进化。

花朵的初恋物语

最开始运送花粉的昆虫

大家都有初恋。

在进化的过程中，当花粉最开始由昆虫帮忙传播的时候，花朵究竟是什么样的姿态呢？而最初开始运送花粉的昆虫，又是什么种类的呢？

昆虫从植物那里获取花蜜和花粉，而植物则借由昆虫来传播花粉。昆虫和植物，逐渐演变成了这样一种“相亲相爱”的共生关系。而在这种进化过程中，大家普遍认为，最先开始为植物运送花粉的昆虫是金龟子。金龟子，可以说就是植物的“初恋”对象。

在让昆虫帮忙运送花粉之前，植物都是借由飘扬的风来传播花粉的。当然了，那个时期的花朵也没有可以吸引昆虫过来的美丽的花瓣。

实际上，金龟子最初的目的只是以花粉为食。也就是说，从花朵的角度来看，金龟子其实是一种害虫。虽然第一印象并不算太好，但是后来却逐渐发展成了“恋爱”关系，这样的故事在我们生活中确实也经常听到。

某一天，金龟子在吃花粉的时候身上不小心也沾上了花粉，饱餐一顿后的它继续飞向别的花朵。就这样，金龟子偶然间将花粉带到了雌蕊上，使雌蕊授粉。这就是植物和金龟子“恋爱”的开始。

就算是花粉被吃掉了一大部分，借由在花间飞来飞去的昆虫来传播花粉，也比通过风来散播花粉要高效得多。就这样，利用昆虫来传播花粉的“虫媒花”慢慢发展起来。

达尔文的“讨厌的谜团”

查尔斯·达尔文（1809—1882）

这种吸引来昆虫的植物，叫作被子植物。被子植物是由裸子植物进化而来的（参见后文）。从裸子植物到被子植物的进化可谓谜团重重。提出了进化论的查尔斯·达尔文（1809—1882），把

◆ 木兰花上的金龟子

被子植物的起源称之为“讨厌的谜团”。就算是对弄清了人类起源是猿猴这一事实的达尔文来说，被子植物的进化也是一团迷雾。

据说，木兰花保留了古老的花朵的外形。

初恋的对象，一般都是不太精明，甚至是有些笨拙的。植物的进化也是一样。就算是在现代，金龟子也绝对算不上精明灵巧。它们没办法像蝴蝶或是蜜蜂那样潇洒自如地在花间纷飞。金龟子通常是以一种近乎坠落的方式，“扑通”一下落在花朵上，然后一边吃着花粉一边在花丛中四处奔走。因此，木兰花是向上开的，并且将无数的雌蕊和雄蕊都杂乱地排在一起，以此让金龟子可以更加方便地行动。

到了现在，希望吸引来亮绿星花金龟和花天牛为自己传播花粉的植物，还是会设法让自己的小花朵平着盛开，以此让金龟子这样的小虫子行动自如。这就是植物和金龟子“初恋”的模样。

另外，金龟子是夏天才出来活动的小虫子。因此，想要吸引金龟子来帮忙传播花粉的植物，大都会在夏天的一片翠绿中，绽放出显眼的白色花朵。

白色总会给人留下一种纯净的印象。而金龟子所选择的“初恋”之花的颜色，正是这样纯净的白色。

三角龙的衰退和植物的进化

被子植物和三角龙

三角龙是在孩子们心中人气很高的一种恐龙。之所以被叫作三角龙，是因为这种恐龙有三个犄角。

就算是在恐龙这个族群中，三角龙也是一个进化后的种类。

以目前的发现来看，食草恐龙大都脖子修长，以长在高高的树上的树叶为食。但是，三角龙的脖子却很短，四条腿也并不长，而且脑袋还是朝向下方的。这个模样，简直就像是食草动物中的牛或者犀牛一样。实际上，三角龙进化成这个样子并不是为了吃树上的叶子，而是为了吃到生长在地面上的花花草草。

在恐龙繁荣昌盛的侏罗纪时代，地球由裸子植物组成的巨大的森林覆盖着。但是到了恐龙时代的最末期——白垩纪时，地球上逐渐进化出了美丽的小花和小草，也就是被子植物。

被子植物和裸子植物的区别

可以形成种子的种子植物分为“被子植物”和“裸子植物”两类。

教科书上对裸子植物和被子植物进行了这样的说明，裸子植物的“胚珠裸露在外”。与之相对，被子植物的“胚珠被包藏于闭合的子房内”。胚珠究竟是裸露在外还是被包藏在子房内，看起来像是一个不起眼的差别。但是实际上，胚珠被子房包藏在内这一现象，是植物进化史上的一个大事件。正是由于这一现象的出现，才有了植物后来一系列戏剧性的进化。

胚珠是种子的前体。对于植物来说，最重要的部分莫过于蕴藏着下一代的种子了。也就是说，将胚珠裸露在外，实际上是植物把最重要的东西置于一种毫无防备的状态。直到很久后的一天，将如此珍贵的种子包藏在子房内好好保护的植物才出现。这就是被子植物。

◆ 被子植物和裸子植物的构造

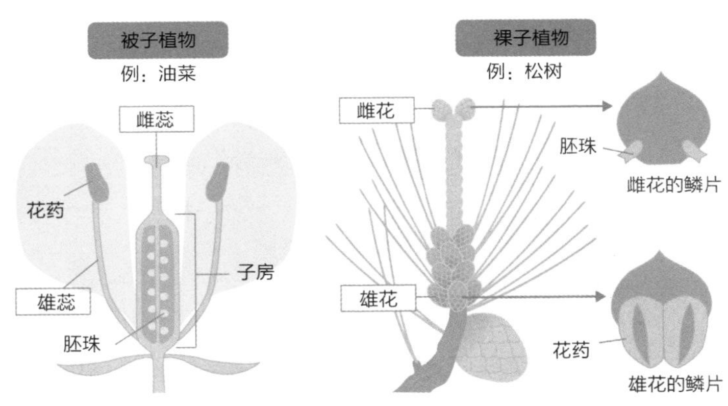

这种方法，使得之后的植物发生了革命性的变化。

目前我们所知道的裸子植物的胚珠都是裸露在外的。因此，当花粉成功到达后，裸子植物就会马上接受花粉并且准备受精。

与之相对，被子植物的胚珠被子房包藏着，所以可以在子房中安全地进行受精。为此，被子植物在花粉到达之前就使胚珠发育成熟并做好准备。这种方法，大幅缩短了从开始授粉到受精完成的时间。

以我们常见的裸子植物松树为例，从开始授粉再到受精完成，要经历长达一年的时间。与之相比，被子植物从花粉粘上雌蕊的那一刻开始，快的话几个小时，慢的话几天时间就可以完成受精。这种令人咋舌惊叹的提速，简直就像是在原本从北京到上海徒步要走数十天的路上，建成了只用四个多小时就能到达的“复兴号”高铁。

被子植物进化出的美丽花瓣

随着受精用时的缩短，一代一代更新的时间加快了。而随着一代代更新的加快，进化的速度也变得更快了。

在恐龙时代即将终结的时期，原本安定的环境发生了极大的变化。地壳运动频发，气候变化激烈。此时，迎合环境并进行快速进化是非常必要的。而就是在这个时期，植物的世界进入了高速演变时代。

被子植物为了快速演变，在最初阶段进化出了草，这是因为已经没有时间可以慢慢地长成大树了。除此之外，被子植物还进化出了长着花瓣的漂亮花朵。要知道，古老的植物——裸子植物的花朵是没有花瓣的，它们的花粉是随风散播的。但是被子植物进化出了有着美丽花瓣的花朵，并且逐渐进化成了通过虫子来传播花粉的结构。

三角龙的中毒死亡

为了以这种新型的植物，也就是地上的花草为食，恐龙的族群中进化出了三角龙。

随着被子植物开始借助虫子来传播花粉，授粉效率大大提高，从而使被子植物的进化速度也大大加快了。

三角龙一直在不断适应着被子植物的进化。但是，它到最后也还是没能跟上被子植物的进化。

被子植物一边进行着一代代的更新，一边不断进行着各种进化。为了防止虫子的食害，被子植物进化出了一种叫作生物碱的有毒成分。为此，大家也在推测，三角龙一类的恐龙，可能是因为没有办法消化这些有毒物质而被毒死的。

实际上，观察白垩纪末期的恐龙化石就会发现，恐龙中器官异常肥大、蛋壳过薄之类的生理障碍现象并不少见。而这种现象就是中毒的特征。说到这里，其实在人为复活恐龙的科幻电影《侏罗纪公园》里，也有一幕三角龙吃了有毒植物的叶子后倒地的画面。

人们普遍认为导致恐龙灭绝的直接原因是小行星的撞击。但其实在此之前，随着被子植物的进化，恐龙的族群就已经进入了衰退的阶段。

苹果的蒂在哪里

橘子和苹果的上下

对于橘子来说，哪头是上，哪头是下呢？

在放橘子的时候，我们会把带蒂的那头朝上放置。但是，从植物的角度来想的话，和树枝相连的柄才是根本。也就是说，连接着柄的蒂的部分才是下面。

让我们再来看看花的构造。花朵的根是花萼，花萼的上面是子房。子房的部分最终会变成果实，而花萼的部分则会变成果蒂。例如，橘子和柿子就是在柄的地方连着果蒂。果实的蒂，就是由花萼变成的。

那么苹果哪头是上，哪头是下呢？如果也把带柄的那头想成是下的话，那么苹果带果柄的那头就是下。但是，在这头苹果却并没有像橘子或是柿子那样的果蒂。那么苹果的果蒂究竟在哪里呢？

◆ 柿子和苹果横切面的比较

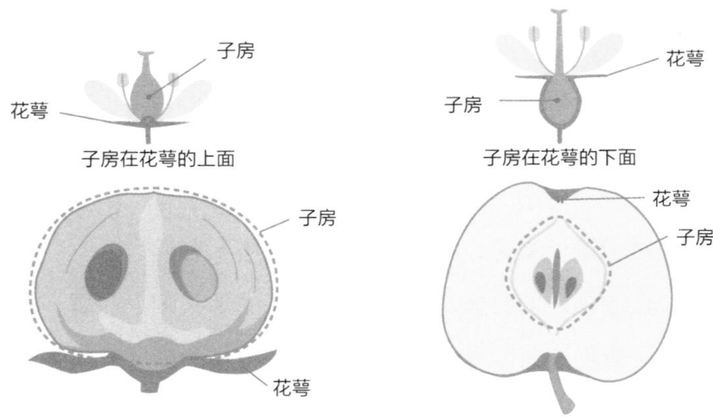

将苹果带柄的那头向下来观察，我们会发现苹果的柄和果实之间并没有蒂。但是，我们反过来观察苹果另一头的凹坑，就会发现里面似乎有东西。而这正是苹果的花萼。也就是说，苹果的花萼是在果实上面的。

实际上，苹果的果肉并不是由肥大的子房形成的。苹果的果肉，是由花朵根部被叫作花托的部分包裹着子房而形成的。

由于果肉并不是由子房发育而成的，苹果也被叫作“假果”。

那么，由子房发育而成的真正的果实部分又在哪里呢？

实际上，我们吃完苹果后留下的苹果核，就是由苹果的子房变成的。本来子房就是为保护种子而存在的，而后来为了达到被吃掉后可以散播种子的效果，就演变成了果实。可是，原本保护种子的子房被吃掉的话是很有风险的。因此，苹果逐渐演变，将花萼变成果实，而让子房再次成为种子的保护层。

草莓上小颗粒的秘密

我们仔细观察的话就会发现，草莓也是一种非常奇妙的果实。草莓上面的小颗粒，其实是草莓的种子。也就是说，草莓的种子并不在果实里面，而是分布在果实的表面。

我们平常吃的草莓的红色果肉，实际上并不是它真实的果实。

草莓的红色果肉，其实是一种位于花朵根部被叫作花托的肥大的部分。在花托上面，分布着很多小小的子房。在随后发育的过程中，花托的部分逐渐胀大。

◆ 草莓的种子位于果实表面

草莓表面上的小颗粒才是真正的果实

那么，草莓真正的果实部分又在哪里呢？

实际上，刚才我们提到的草莓的种子，也就是草莓上面一颗一颗的小颗粒，就是草莓真正的果实。我们再仔细观察一下草莓上面的小颗粒，就会发现颗粒上面有着棒状的东西。这些其实是雌蕊。果实是由雌蕊根部的子房发育而成的。而这些颗粒，正是草莓真正的果实。

果实是为了吸引鸟儿来吃才变得丰厚肥大的，而草莓的花托已经很美味多汁了，也就没有必要让真正的果实也发育膨大。因此，草莓在每个小颗粒里面，都只放了一个种子。

虽然这些小颗粒是草莓真正的果实，但它们也只是为了包裹住种子而存在的。所以，草莓上的小颗粒可以说就是它的种子。

苹果和草莓是同类

看起来完全不同的苹果和草莓，实际竟然是同一类植物。这多多少少让人感到意外，但是，苹果和草莓确实都是蔷薇科的植物。

蔷薇科植物被认为是植物中进化比较完全的一种植物。把重要的部分隐藏起来，让果实被吃掉并借此传播种子，实现这些想法的最初的植物之一就包含蔷薇科。如果只是如此的话，蔷薇科还不能被称为很先进的植物。蔷薇科的植物在此基础上，还进化出了更加复杂的果实。

不过就算是这样，对于苹果和草莓同属蔷薇科这一事实，多少还是会让人觉得有些难以理解。毕竟苹果生长在树上，而草莓作为一种草本植物，永远也长不成一棵大树。对于植物来说，小草和大树究竟意味着什么呢？关于这个问题，我将在后面为大家详细介绍。

日本蒲公英 VS 西洋蒲公英

“野草就算被践踏还是会顽强地站起来”是假的？

人们都说，野草就算被践踏还是会再站起来。

这究竟是真的吗？

确实，被踩一次两次的话，野草还是可以再立起来的。但是，如果一直踩的话，野草是没法再立起来的。

这样看来，如果野草被踩倒了的话，是立不起来的。

虽然野草非常坚韧，但是也还是会有那种毫无同情心的人一直践踏它们吧。不过话说回来，野草为什么在一开始被踩之后一定要再立起来呢？

对于植物来说，最重要的事莫过于开花结果了。这样看的话，比起在被踩后再站起来这种事情上浪费能量，还是继续开花结果才更为重要吧。

“就算被践踏了，也要坚强地站起来”，这其实只不过是人类的幻想罢了。植物的生存方式，比我们人类这种情绪化的“毅力论”有逻辑得多。

生长在非常容易被踩到的地方的蒲公英，经常会有让茎倒下来开花的情况。这并不是被踩倒下了。而是一旦叶子被踩到，就会受到刺激，然后从最初开始就让根茎横着生长。这样一来，就可以逃脱被踩踏带来的损伤了。

日本的蒲公英很弱?

众所周知，西洋蒲公英品种和自古流传下来的日本本土蒲公英品种有着非常大的区别。西洋蒲公英在日本繁殖的速度非常快，而日本本土蒲公英的数量却在逐渐减少。

这样一看的话，西洋蒲公英似乎比日本本土蒲公英要厉害很多。

现在让我们来具体比较一下两者的实力吧。

西洋蒲公英的种子比日本本土蒲公英的种子更小，也更轻。因此，西洋蒲公英的种子可以飞到更远的地方。而且，由于种子体积更小，一株蒲公英上种子的数量也更多。

另外，由于日本本土蒲公英的繁殖方式是有性繁殖，如果蜂和虻不把花粉带过来的话，就没有办法结成种子。日本的蒲公英就是书中前文介绍的群生开花的植物。

◆ 蒲公英的区分

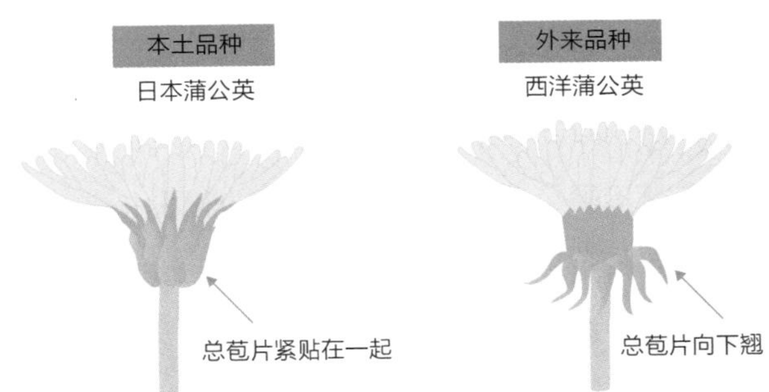

西洋蒲公英的总苞片向下翘

和日本本土蒲公英不同，西洋蒲公英拥有一种就算不授粉也可以结成种子的能力，被称为无融合生殖的特殊能力。因此，就算处在身边没有花朵，或是没有昆虫可以帮忙传播花粉的环境，西洋蒲公英也可以自己结成种子。

不仅如此，日本本土蒲公英只有在春天才会开放，而西洋蒲公英一年四季都可以开花。因此，西洋蒲公英可以不断地开花，不断地将种子散播到各地。

蒲公英的生态地位

这样一看，相对于日本本土蒲公英来说，西洋蒲公英可以说是占有压倒性的优势了。

但是，事实真的是这样吗？

日本蒲公英的种子比西洋蒲公英的种子更大。虽然在远程飞行上不占优势，但是大个的种子却可以培育出大个的芽。这一点在和别的植物竞争的时候是很有利的。此外，由于日本蒲公英需要接受其它花的花粉并进行交配，所以可以留下更多种多样的后代。这对于适应多样性的环境也是非常有利的。

另外，日本蒲公英只在春天开放。它们在春天快速地开花再快速地散播种子，然后只留下根部，而花朵就枯萎了。

夏天的时候，万物盛开，枝繁叶茂。小小的蒲公英很难接收到阳光。于是它们就干脆躲到地下，避免和其它植物发生纷争。

也就是说，日本的蒲公英是在极为丰富的自然环境中成长起来的。正是在这种环境中，它们形成了自己的成长战略。

与之相比，西洋的蒲公英因为种子很小，所以种子的竞争力也并不高。而且因为一年四季都会开花，在夏天的时候经常会败给其他的植物。所以，西洋蒲公英通常会在其他植物不生长的城市的路边开放，然后再慢慢扩大分布范围。

之所以我们会觉得西洋蒲公英越来越多，而日本蒲公英越来越少，其实是因为日本蒲公英生长的自然环境在一点点减少，而城市的范围正在逐渐扩大。

我们其实没有办法评价西洋蒲公英和日本蒲公英究竟谁更厉害，因为它们都选择了在适合自身条件的地方生长。像这样的生存地点，叫作“生态位”。

虽说是野草，但也不是随便在哪里都能生长的。

印盒上的双叶葵

德川家和葵纹

“先候着，没看到这个徽章吗？”

那些官员看到从怀里掏出的印有三叶葵图案的印盒，都一齐跪倒下来。这是电视剧《水户黄门》里的著名场面。

三叶葵的图案是将军德川家的家徽。在江户时代，是非常令人敬畏的象征。

所谓的三叶葵，是由三片心形的叶子组成的图案。这个家徽的图案来源，其实是马兜铃科的双叶葵。正如双叶葵这个名字一样，实际上这种植物只有两片叶子。但是为了图案的美观和谐，改成了由三枚叶片组成的三叶葵的设计。

◆ 三叶葵家徽

说到葵，我们很自然地就会联想到开着美丽花朵的蜀葵（别名一丈红）或是黄蜀葵。这些都是属于葵科的植物。而双叶葵却是属于马兜铃科的，和这些葵花长得一点也不一样。但是，它们的叶子的形状极为相似，都是心形的，所以也都被称为“葵”。

初代将军德川家康，非常喜欢别人进献给自己的山葵。山葵的叶子和葵非常相似，所以很得德川家康的喜爱。

还有个关于德川家家徽三叶葵的传说是这样讲的，德川家康的祖父松平清康奔赴战场的时候，吃了用水边生长的植物叶子做的料理后，大胜归来。松平清康非常高兴，就把三叶葵的图案作为旗号流传了下来。那个时候使用的植物是雨久花。雨久花虽然是雨久花科的植物，但是叶子和葵一样，都是心形的，所以在日语中记作“水葵”。

在江户时代，葵的图案是只有将军家才能使用的。

◆ 和三叶葵非常相似的河骨家徽

于是乎，就出现了模仿三叶葵的家徽，如上图所示。

和三叶葵的图案非常相似的这个家徽，被称为“三河骨”。“河骨”是生长在水边的一种叫作黄金莲的植物。

黄金莲，是一种开着鲜艳的黄色花朵的睡莲科的水生草本植物。

因为黄金莲的叶子也是心形的，所以被用作了家徽的图案。

心形叶子的功能

留心观察的话就会发现，心形的叶子在我们身边十分常见。

实际上，心形的叶子也是有它特殊的功能的。

植物接受阳光照射，进行光合作用，所以叶子的面积越大越有利。但是如果叶子过大的话，叶柄就会支撑不住。所以，心形的形状，可以使靠近叶柄处的叶片面积更大，从而可以在保持叶柄平衡的情况下，使叶子的面积达到最大化。

另外，心形的叶子使得叶根的部分凹下去一块，可以让叶子上的雨水和夜露顺着叶柄流到植物的根部，从而达到集水的作用。

即使是这样一个看似不经意的形状，其中也蕴含着很多奥秘。

红叶为什么会变红

植物的叶子其实是一个“生产工厂”

到了秋天，树叶就会变成鲜艳的黄色或是红色。尤其是秋天的红叶，更是非常美丽。但是，为什么夏天的时候还是绿色的叶子，到了秋天就完全变成了另一种颜色呢？

这其中，隐藏了一个关于叶子的悲伤的故事。

对于植物来说，叶子是进行光合作用的一个非常重要的器官。植物的叶子，其实就相当于一个“生产工厂”。对于植物的叶子来说，夏天是一个非常忙碌的季节。作为工厂能量来源的太阳光，在夏季十分充沛地照射在叶子上。而且，光合作用属于一种化学反应，温度越高，反应就越活跃。于是，在阳光充足、气温炎热的夏季，植物的叶子可以十分旺盛地进行光合作用，并生产出糖分，简直就像一个繁荣忙碌的工厂。

但是，这样的好行情却不是什么时候都有的。在夏季将尽的时候，凉爽的秋风悄悄地刮了起来。太阳光日益减弱，白天的时间也一天天地变短了。光合作用中所必需的太阳光逐渐减少，再加上气温的下降，光合作用的效率越来越低。随即，糖的生产效率也渐渐低了下来。

秋高气爽的天气过去后，紧接着就进入了冬天。

生产量低下的叶子生产工厂，终于沦落到了“赤字经营”的地步。虽然糖的生产量下降了，但是植物在进行呼吸作用的时候，仍然要消费掉不少糖分。更糟糕的是，水分还会从叶子里蒸腾出去。在秋冬时节，雨水是十分稀少的。植物就这样，不仅无法进行光合作用，还要继续挥霍珍贵的水分。

正如工厂会将借调在外的干部员工召回到总公司，将具有资产价值的备用品领回来一样，叶子也会将叶子里珍贵的蛋白质分解成氨基酸，并将之回收到植物的本体，也就是树干那里。这个行为，怎么看都像是在关闭工厂一样。

而且，植物有时会还会干脆将变成包袱的叶子舍弃掉。植物在叶子的叶柄靠近根部的地方，形成一个不让水分和营养成分通过的区域，这个区域被称为“离层”。也就是说，植物将不再为叶子提供任何的水分或是营养成分。

“离层”，对于一直努力工作的叶子来说，可真是“绝情”啊。看来“产业重组”这个概念，真的是在哪都存在。

被“产业重组”的叶子的命运

作为“生产工厂”的叶子，可以说是非常勇敢顽强了。就算水分和营养成分的供给被断绝了，叶子也会用手头上仅剩的水分和营养成分一边维持自己的生存一边继续进行光合作用。

不过，不论叶子多么努力地坚持进行光合作用，因为遇到“离层”这层厚厚的墙壁，生产出来的糖分也无法送到植物的主体那里去。就这样，生产出来的那一点点糖分就被储存在了叶子里。

最后，叶子中的这些糖分形成了一种叫作花青素的红色色素。对于植物来说，这种花青素是在水分不足或是寒冷气温的情况下减轻植物紧张程度的物质。叶子，这个被

“总公司”抛弃，然后在水分不足、低温寒冷的情况下生产糖分的“小小工厂”，也许正在拼命地谋求生存吧。但是，就算如此努力坚持，也是有极限的。

◆ 叶子变红的过程

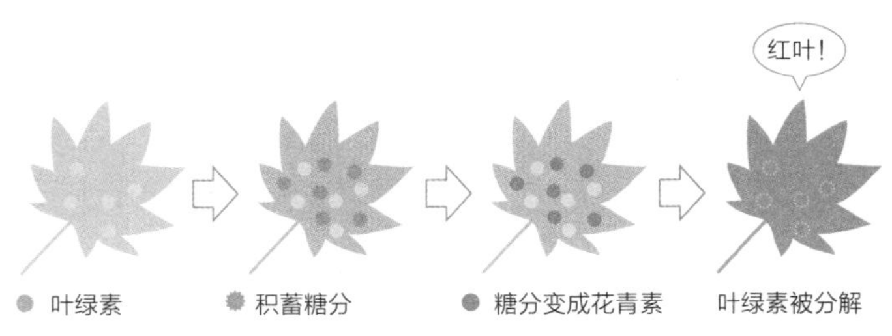

使光合作用持续进行的叶子中的叶绿素，最终还是会在低温下被破坏。这个时候，叶子失去了绿色的叶绿素，就会使储存在叶子中的红色花青素变得格外显眼。

人们都说，在昼夜温差大的时候，红叶的颜色会变得更好看。那是因为，白天光合作用下形成的糖分，到了晚上就会变成花青素。而叶子中的叶绿素，在低温下会被更大程度地破坏。

在夏季辛勤工作，收益颇丰的叶子“生产工厂”，忙到最后却换来了一个被“产业重组”的结局。这座“生产工厂”的“懊悔”越深，就生产出了越浓郁的红色。

讲到这里，我们当中有些人也许会问了，为什么植物为了抵抗水分不足和严寒而生产出来的物质，会是红色的呢？

植物开出红色或是黄色的花朵是为了吸引昆虫，植物结出红色的果实是为了吸引鸟儿。那么，叶子变成红色又是为了什么呢？

叶子的红色其实没有任何意义？

这个每天离不开电脑手机的时代，对我们的眼睛非常不友好。而花青素作为一种可以有效缓解视疲劳的成分，在现今备受关注。那么，植物中的花青素是如何对人的眼睛起到疗效的呢？

花青素是一种存在于植物中的红紫色色素。植物运用这种色素，可以给很多东西染上颜色。

比如，花朵的红颜色和紫颜色就是由花青素形成的。借由这种颜色，花朵们可以吸引昆虫过来帮忙传播花粉。

除了像这些红色的紫色的花朵，苹果的红色和葡萄的紫色也是由花青素形成的。借由这些颜色，可以吸引鸟儿过来帮忙散播种子。

对于只能一动不动地待着的植物来说，一生中有两次可以动起来的机会。一次是花粉的运动，另一次则是种子的运动。为了一生中这两次可以动起来的机会，植物们很巧妙地借助了色素的帮助。

说到这里大家也了解了，花朵和果实的颜色，其实都是具有一定意义的。但是，还有一些植物，让人搞不清楚究竟它为什么要变成那种颜色。

比如我们刚刚介绍过的红叶。红叶的颜色也是借由花青素形成的。红叶虽然极具观赏性，但它们绝不是为了饱人眼福才变成红色的。一心为了生存的植物，是不会在变美这件事情上花心思的。这样一说，其实紫苏的叶子也是紫色的。而这种紫色也是花青素的效果。但是，紫苏的紫色叶子却完全不会把昆虫或是小鸟吸引过来。

还有红薯，红薯皮的颜色也是由花青素形成的。但是，在地里被黄土包裹着生长的红薯，就算颜色再怎么漂亮，也没有什么意义吧。

花青素的作用

实际上，花青素还承担着染色以外的职责。

比如说，花青素可以吸收紫外线，保护细胞。紫苏这样的植物中的花青素，起到的就是这个作用。

此外，细胞中的渗透压越高，细胞的保水力越强，也就越可以防止冻结。之所以有的叶子会变成红色，就是因为叶子中储存了保护叶子不受水分不足和严寒伤害的花青素。

而且花青素还具有抗菌活性或是抗氧化的功能，可以抵抗病原菌的侵袭。在土里生长的红薯皮，就起到了这样的作用。

不光可以形成漂亮的颜色，还有这么多的功能，真可谓是一专多能啊。花青素真是一种多功能物质。

植物中除了花青素，还有很多其它种类的色素。那些色素除了染色的作用，也都有其它各种各样的功能。

只能待在原地一动不动的植物为了防止病虫害或是环境的变化，生成了各种各样的物质来保护自己。而生成这些物质也是需要付出一些代价的。比如说，会消耗掉根部吸收上来的养分和光合作用形成的糖分。可是营养成分对于植物的成长也是非常重要的，所以不能全都用来生成那些保护物质。

◆ 花青素的作用

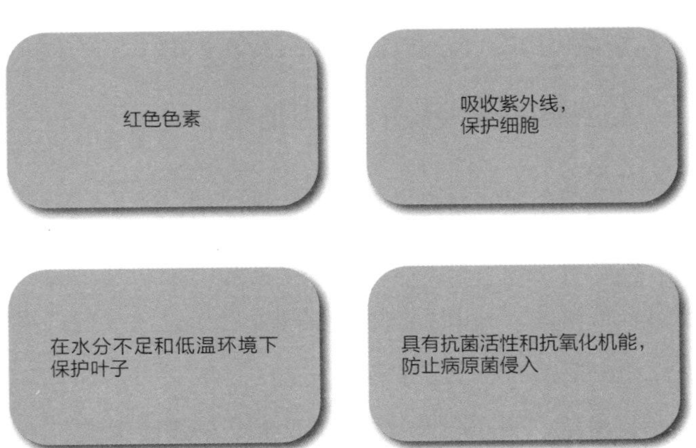

因此，植物更乐于生产出具备多种功能的多功能物质。这种多功能物质的抗菌活性和抗氧化功能在我们的身体里也起着各式各样的效果。我们也可以期待一下，它们在我们身体中发挥出更多意想不到的作用。

让人着迷的植物毒素

人们是从什么时候开始喝茶的呢

我们喝的茶，是用茶树的叶子做成的。

不管是绿茶、红茶还是乌龙茶，所有的茶叶都来源于茶树。茶树是一种山茶科的常绿树。叶子呈深绿色，很坚硬，和山茶树的叶子非常相似。

茶树原产自中国南部，但是如今在多数国家都有培植。绿茶和红茶，早已成了全世界流行的饮品。

我们到森林里去就会发现，长得和茶树相似的树木非常多，人类为什么在这么多的植物当中选择了茶树呢？为什么一开始的时候不用叶子十分相似的山茶花叶子泡水饮用呢？

在中国古代的传说中，有一个名叫神农的人，他遍尝百草来辨别哪些植物可以吃，哪些植物可以被用作药材治病。神农尝百草中毒的时候，多亏了咀嚼茶叶来解毒。也就是说，在传说的时代里，茶叶就已经先于其它植物被当作药材来使用了。

◆ 茶树的叶子、咖啡树的种子、可可的种子

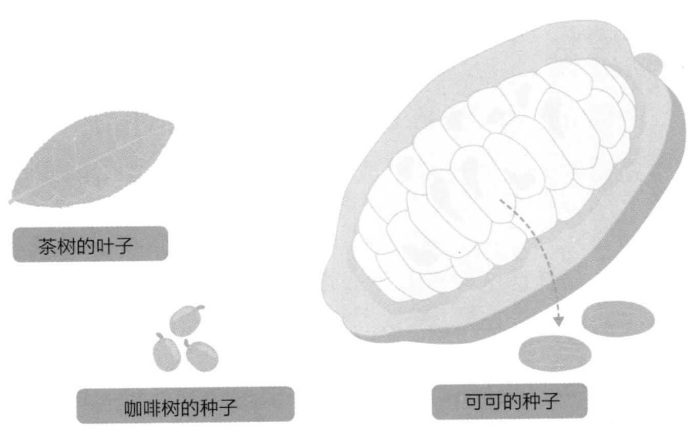

让人类着迷的咖啡因

红茶，是世界三大饮料之一。剩下的两个是咖啡和可

可。不论是咖啡还是可可，都是以植物的种子为原料的。

咖啡，是用茜草科的咖啡树的种子做成的。而可可，则是用梧桐科的可可树的种子做成的。

红茶、咖啡、可可，这三种饮料中都含有一种相同的物质——咖啡因。咖啡因具有驱走睡意、恢复精力、使人集中注意力的作用。而含有咖啡因的植物，是人类从无数的植物中选出来的。

为什么植物中会含有对人体起着神奇功效的咖啡因呢？

实际上，咖啡因是生物碱这种毒性物质中的一种，原本是植物为了防止昆虫或动物的食害而分泌出的驱虫物质。

但是，就是这种有着微弱毒性的物质，在人的身体中起到了和药一样的作用。因为咖啡因中含有防止人类神经镇静的毒性，可以刺激人的神经，使人感到兴奋。而且，人的身体在感知到咖啡因这种毒性物质后，为了对抗毒素，身体中的各种机能都会活跃起来。这样一来，在我们摄入了咖啡因之后，身心都可以回复到元气满满的状态。

此外，咖啡因还有利尿的作用。我们喝了很多的咖啡或者红茶后，就会特别想去上厕所。这是因为我们的身体想要把咖啡因这种毒性物质排出体外。

含有咖啡因的，不光只有咖啡和红茶。可可也一样，用可可树的果实做成的巧克力中，也含有咖啡因。另外，有一种植物和可可树同属于梧桐科，叫作可乐树。可乐树的果实就是我们常喝的可乐的原材料。植物中这种叫作咖啡因的物质，还真是叫人着迷啊。

毒物和药物之间只隔着一张纸

让人类着迷的植物成分不只有咖啡因。

香烟中的尼古丁，原本也是植物中的一种毒性物质。辣椒中含有的辣味成分——辣椒素，兰科植物香荚兰的果实中含有的香兰素，这些都是让人类着迷的植物中的毒性物质。

毒物和药物之间，其实只隔了一张纸。人类自古以来就学会了巧妙利用植物中的毒性物质。

松树为什么有着美好的寓意

让人感受到生命力的常绿树

松树这种植物，有着十分美好的寓意。

松竹梅，以松开头。“千年的仙鹤”落脚的地方也是松树枝。另外，在日本，人们在正月里会用松树来装饰大门，结婚典礼上经常能听到的歌曲《高砂》中唱到的，也是松树。总的来说，松树代表着美好。

那么，为什么松树有着这么美好的寓意呢？

到了冬天，万物凋零。但即使是在这样寒冷的时节，松树叶子的颜色也不会褪去，依然保持着浓郁的绿色。人们因此赞扬松树的生命力，并把它作为一种长生不老的象征。

就像前文介绍的那样，到了冬天叶子就会脱落，防止水分蒸发的“落叶树”，是植物为了过冬而形成的一种新的生长系统。

与之相对的，到了冬天也不会落叶，即使在严冬时节也郁郁葱葱的“常绿树”，是一种古老的植物。而就是这种古老的植物，让人们感受到了一种庄严的生命力。

常绿树杨桐，在日语中写作“榊”，木字旁加上神。神社中将“玉串”（一端缠着布条或纸条的杨桐树枝）作为一种神圣的植物。此外，人们在寺庙中的墓地等地方也会种植大茴香。大茴香也是常绿树的一种。在基督教的圣诞节期间，人们会用西洋柊树作为装饰。除了这些，西洋冷杉也被人们当作神圣的树木，用作圣诞树。西洋柊树和西洋冷杉，都属于常绿树。另外，节分[1]时候用于装饰的柊树也是常绿树。如此，没有人能抵抗在冬日里依然树叶常青的常绿树的魅力。

但是，即使是古老的常绿树，为了抵抗严寒也费尽了心思。

[1] 在日本，人们把冬季最后一天、立春前一天定为节分日。

常绿树的种类

常绿树，大体上可以分为两种。

一种是裸子植物中的常绿树。裸子植物在适应严寒的过程中，为了防止水分从叶子中蒸发，就把叶子逐渐进化成了细细的外形。这样的植物被称作针叶树。

松树就是针叶树的一种。除了松树，还有杉树、扁柏树、冷杉……裸子植物中的针叶树非常多。当被子植物在进化的过程中登场后，裸子植物就被挤到了极寒的地方。裸子植物为了适应严寒，叶子进化得非常细。但是，像松树这种叶片非常细的树，受阳光照耀后进行光合作用的效率也非常低。

与之相对的是，进化后的被子植物的树叶更加宽阔，因此也被称为阔叶树。其中，会落叶的新型阔叶树被称作“落叶阔叶树”。阔叶树中还有一类树，即使到了冬天也不会落叶。这种树被称作“常绿阔叶树”。在像日本这种冬季非常寒冷的地方的常绿树，树叶的表面覆盖着一层蜡，用来防止水分从叶子里蒸发。因为这种表面上覆盖着一层蜡的叶子非常有光泽，所以这种常绿阔叶树也被称作“照叶树”。

但遗憾的是，即使顽强如照叶树，也有自己的极限。

照叶树还是更多地分布在比较暖和的地方，而在比较寒冷的地方，照叶树的分布就没那么广泛了。说到底，会落叶的落叶树更能适应非常寒冷的环境。

但是在寒冷的地方，针叶树相较于落叶树有着更加广泛的分布。比如说，在北海道就广泛分布着鱼鳞松和萨哈林冷杉之类的针叶树。此外，在欧亚大陆和北美洲大陆的高纬度地区，也广泛分布着被叫作“泰加林”的针叶林。

为什么常绿的针叶树比落叶树更能适应寒冷的地方呢？另外，在被子植物分布更加广泛的现今，针叶树没有被落叶树取而代之的原因又是什么呢？

◆ 针叶树的叶子和常绿阔叶树的叶子

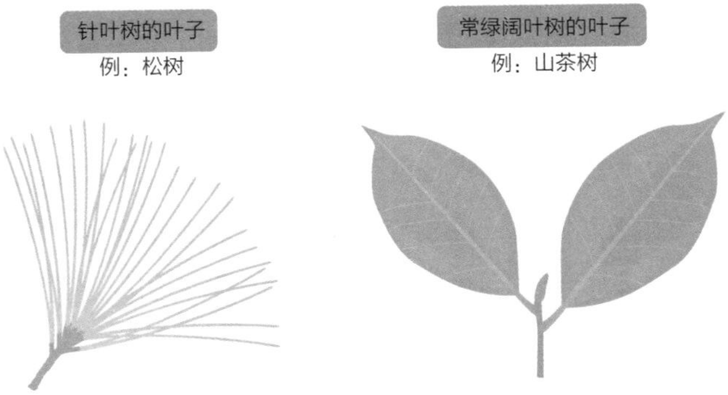

针叶树的叶子
例：松树

常绿阔叶树的叶子
例：山茶树

靠一套过时的系统幸存下来

实际上，针叶树这种“过时”的古老树种，还有着令人意想不到的幸运。进化后的被子植物的茎里有一根像水管子一样的导管。这根导管是专门用来通水的一种中空的组织，可以大量运输从植物的根部吸收上来的水分。而属于裸子植物的针叶树，却没有进化出这种导管。代替导管的，是细胞和细胞之间的小小缝隙。通过这些缝隙，可以一个细胞接着一个细胞地把水分传递上来。这种运水方式是进化成导管前一阶段的系统，被叫作“假导管”。

和可以快速把水运上来的导管相比，假导管的通水效率非常低。但是这种效率低下的系统，也有着胜过导管的优点。

导管中的水分相连从而形成了一条水柱。而蒸腾作用会使水分从叶子表面散失到大气中。水分散失后，植物就会吸上来同等的水分。但是，一旦导管中的水分冻成了冰，再次化成水时产生的气泡就会在水柱中形成空洞。这样一来，原本相连的水柱就会断开，也就没办法再吸上水来了。与之相对的，假导管就像是传水桶扑火一样，水分是由一个细胞到另一个细胞这样传过来的。因此就算是被冻住了，也可以把水分这样传递上来。

◆ 针叶树的假导管

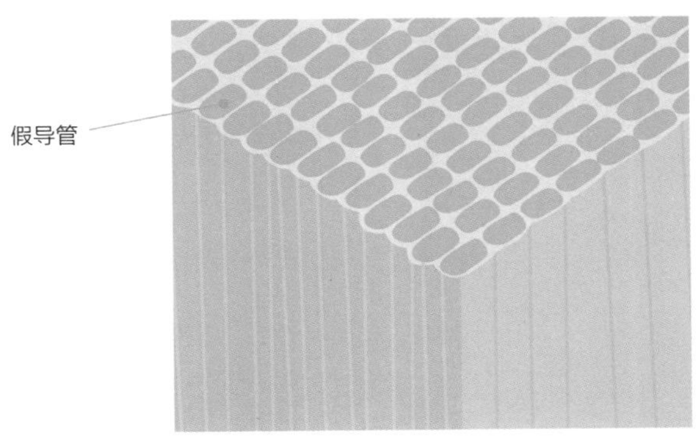

在恐龙时代，曾经称霸地球的裸子植物被新进化而成的被子植物夺走了家园。但是，由于具有耐寒这一优势，裸子植物中的针叶树还是在极寒的地区广泛地幸存了下来。

就算松树被白雪覆盖着，它也依然保持着一片苍翠。古老的东西并非一无是处。正是由于这种古老的系统，才使得松树成为具有美好寓意的树种，深受大家喜爱。

Part 2

有趣的植物学

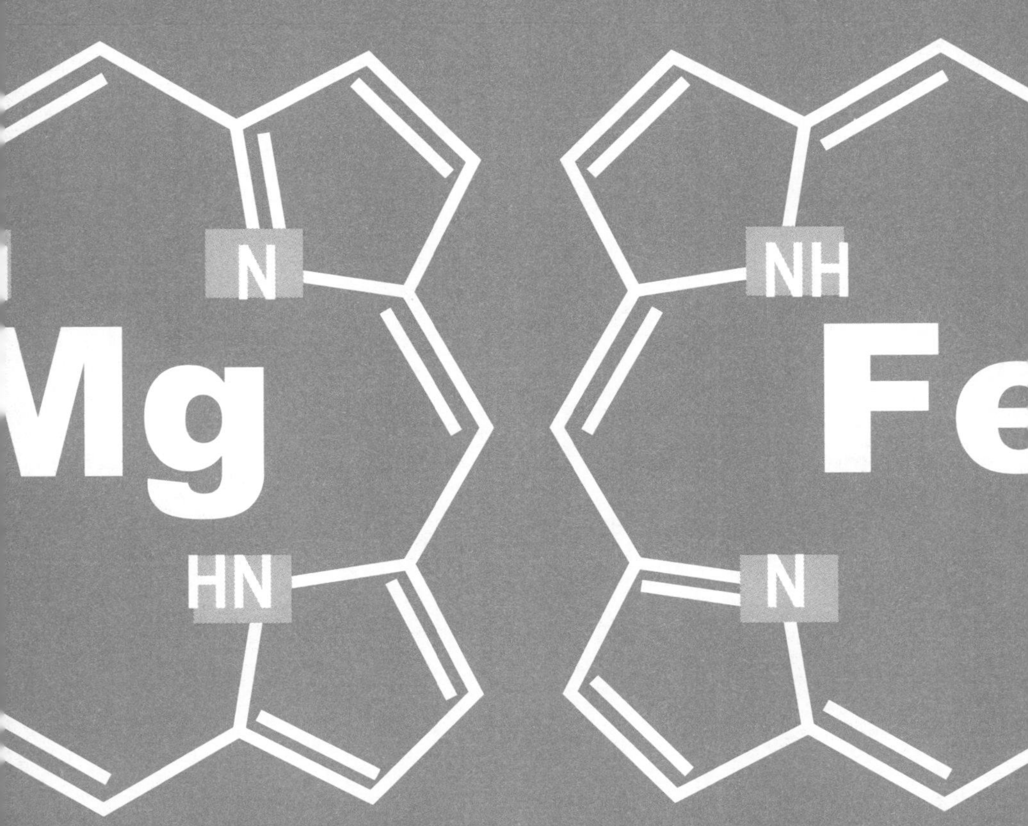

不发芽的原因是什么

野草是很难被培育出来的

大家有人种过野草吗？

答案肯定是没有的吧。野草都是自由生长出来的，而不是被人们特意种植出来的。但是，当我开始尝试着种植野草的时候，却发现实在是太难了。

就算我把种子种下了，却怎么也发不出芽来。

我们在理科的教科书中都学过，植物能够发芽的必要条件有三个：水分、温度和空气。但不光是野草，很多野生植物的种子就算满足了这三个条件，也不会发芽。

比方说，我们现在假设有一种植物，在温暖的春天发芽，夏天成长，秋天留下种子后便枯萎了。这个种子便会落在秋天的土壤里。就像我们说的“小阳春天气”，即使在秋天也会有如同春天般阳光和煦的日子。如果在这种小阳春的天气里满足了水分、温度、空气这三种条件，植物会怎么样呢？这个植物的种子就会在秋天发出芽来。然后在接下来寒冷的冬天，这株嫩芽就会在低温中枯萎。

和靠人类播种的栽培植物不同，野生的植物必须自己来判断发芽的时期。所以野生植物发芽的条件比起栽培植物来要复杂得多。

种子的战略性休眠

种子这种即使满足了发芽的必要条件也不发芽的状态，被称为“休眠”。休眠这个词，由休息的“休”字和睡眠的“眠”字组成。就像休眠存款和休眠账户这些名称，人们对于“休眠”这个词的印象似乎并不是很好。但是对于植物来说，“休眠”却是一个至关重要的生长战略。

春天发芽的植物们，大都有了抵抗严寒的经验，拥有着冬天休眠春天再醒来的一套组织。这些植物知道，寒冬过后逐渐变暖的时候，就是春天来了。

但是，种子家族里也有一些即使天气转暖却也还是不发芽的“慢性子”。

野生的植物即使满足了所有的条件，也不会同时发芽。因为休眠后，觉醒过来的程度各不相同，所以有的种子发芽了，有的种子没发芽。

而且，植物们也不知道这时候自然界中发生了什么事情没有。

如果同时发芽的话，赶上了灾害该如何是好呢？那样的话，植物的整个家族就会遭遇灭顶之灾。因此，有些种子发芽得早，有些种子发芽得晚，还有一些种子不发芽而是继续在地下休眠。这样一来，就可以保证总会有能够幸存下来的植物。

土地里的“种子银行”

就像我们刚刚讲到的，在土里面还有很多不发芽、处于休眠状态的种子。这种土地里的种子集团被称为“seed bank”，也就是“种子银行”。野生的植物为了给紧急时刻做好准备，会在土地里面储存一些种子，然后从“种子银行”里一个一个地发芽。

很多野草的种子都有感受到光照就会发芽的特性，这种特性被称为“需光发芽性”。

人工除草后，四周没有植物。土里面的野草种子感受到光照，就会抓紧这次机会，赶快发芽成长起来。

这也就是为什么我们每次除草之后，好像一眨眼的工夫野草就又冒出来了，而且还变得比原来更旺盛了的原因。

竹子究竟是树还是草呢

白兰瓜和香蕉竟然是蔬菜?

西红柿究竟是蔬菜，还是水果呢?

这个问题并没有那么简单。我们做沙拉的时候会用到西红柿，所以自然就会觉得西红柿属于蔬菜。但是，市面上也存在着“水果西红柿”的品种。

在美国，西红柿究竟是蔬菜还是水果这一问题曾经被吵到了法庭上。而法院进行了这样的判决：“西红柿作为一种含有种子的植物，根据植物学辞典，应判定为植物学上的水果。但是西红柿是在菜地中种植的，和其他的蔬菜一样，是被用来做汤的材料，所以判定西红柿为法律上的蔬菜。”

“蔬菜”还是“水果”，其实并不是一种植物学的分类，而是人类基于一些原因自行下的定义。蔬菜和水果的定义，各个国家也都不尽相同。

在日本，人们将草本植物定义为蔬菜，将木本植物定义为水果。换句话说，长不成大树的就是蔬菜，长成大树结果的就是水果。而西红柿作为草本植物，在日本就被当作是蔬菜。

那么白兰瓜和西瓜又属于什么呢？由于白兰瓜和西瓜都是草本植物，所以按理应该属于蔬菜。虽然白兰瓜被赞为“水果之王”，也被用作水果冻糕的材料，但是在定义上，它还是属于蔬菜的。可由于白兰瓜和西瓜都是在水果柜台出售的，所以也会被称为“水果蔬菜”。

那么香蕉是蔬菜还是水果呢？

说到这里大家可能会想了，香蕉当然是水果了。

像我们经常说香蕉树，自然而然地就觉得香蕉是木本植物。但是，实际上香蕉树并不是树，而是一株巨大的草。香蕉“树”从地面伸展出巨大的叶子，形态上就像一棵大树一样。

这样说来，香蕉竟然也是属于蔬菜的吗？

根据日本农林水产部的定义，“一年生草本植物的果实”是蔬菜，而“多年生作物等从树上收获的果实”是水果。所以，香蕉虽然属于草本植物，但因为它是多年生的植物，所以被定义为水果。

树和草很难区分

但是为什么香蕉树不是树，而属于草类呢？

树和草究竟有什么不一样呢？关于这个问题，我们可能会想当然地觉得，树和草当然完全不一样了。但实际上，这个问题远没有这么简单。

一般来说，我们把茎部肥大结实的木质化植物定义为树。而把没有木质化现象，有着柔软茎部的植物定义为草。但是，西红柿也好，茄子也好，如果我们观察它们的根部的话就会发现，它们的根部都有和树一样的木质化现象。实际上，西红柿树就是采用水培的方法在暖和的温室中培养出来的大树。另外，虽然在日本，茄子到了冬天就枯萎了，但是在热带地区，它也能长成一棵大树。

那竹子究竟算是树还是草呢？虽然竹子的茎部不会长得非常粗壮，也没有木质化现象，但是它的茎部非常坚韧，不断生长下去的话还可以形成一片竹林。相较于草来说，竹子的这些特征更趋近于树。因此，竹子究竟属于树还是草，专家们也没能给出一个统一的意见。

也就是说，不管是树还是草，在植物的世界里并没有很明确的区分，它们只不过是人类根据自己的想法下的定义而已。

自然界中没有区别

在自然界中，其实很少有什么明确的区别。但是这对于人类来说太难理解了，所以人类就想出了各式各样的概念，然后把自然界的事物分成各类来理解。打个比方，富士山山麓的原野非常广阔。那么，富士山的界限在哪里呢？人们设定了等高线，设定了县界来区分、整理。在植物学中，人们把植物也分成了各式各样的种类。这其实和人们在大地上设定等高线和县界一样，都是为了方便自己的理解而进行的区分。

在前面我们也介绍了，虽然同属于蔷薇科，但是苹果是木本植物，而草莓是草本植物。那么苹果就属于水果，而草本植物的草莓则被分到了蔬菜一类。其实对于植物来说，究竟是树还是草，并不是什么大问题。它们都只是为了适应环境而逐渐进化成了现在的样子。

植物的生存方式，比人们想的要随机应变、自由自在得多。

简笔画胡萝卜的画法

胡萝卜上的横线

大家画过白萝卜和胡萝卜的简笔画吗？

如果不涂颜色的话，白萝卜和胡萝卜的简笔画看起来是非常相似的。

这时候，如果我们试着往画好的胡萝卜上再加几条横线，就会发现画好的胡萝卜变得更形象了。

我们观察一下胡萝卜就会发现，它的表面有很多横线。这些横线，其实是胡萝卜细细的根部生长的痕迹。这些细细的根的痕迹并不是胡乱生长的。再仔细观察一下就会发现，这些根须是朝着四个方向生长的。

如果不是加上几条横线，而是竖着画几个点的话，简笔画中白萝卜的模样就呼之欲出了。

和胡萝卜一样，白萝卜也有着根部的痕迹。但是并不是像胡萝卜那样的线，而是以点的方式排列的，而且这些点都是按两个方向排列的。

◆ 白萝卜和胡萝卜

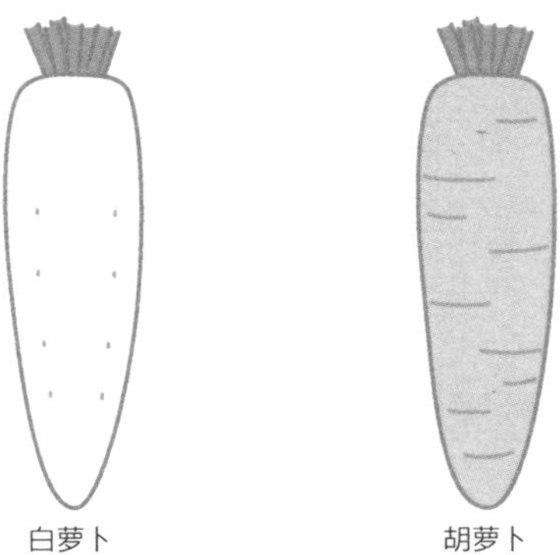

切断面中的“形成层”

把胡萝卜横着切开我们就会发现，它的横切面和大树的年轮一样，都是同心圆。胡萝卜的这个同心圆分为内侧的芯和外侧两部分，而这两部分的分界线，被称为“形成层”。

◆ **将胡萝卜竖着切开，就可以看到根的构造**

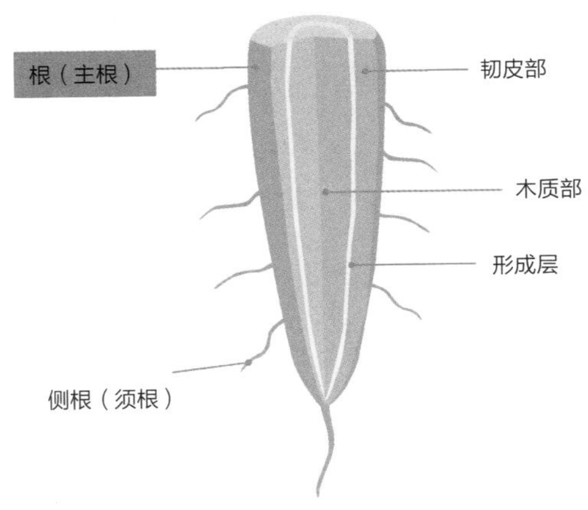

形成层内侧的芯的部分有着输送从根部吸收的水分的导管，被称为木质部。而形成层外侧的部分有着运送营养成分的筛管，被称为韧皮部。导管和筛管的组合，被称为维管束。胡萝卜的维管束沿着形成层规则地分布着。

把胡萝卜竖着切开就会发现，根从横线的地方开始延伸向内侧，一直连接到木质部和韧皮部的界限——形成层。从根部吸上来的水分，可以一直输送到形成层，再通过木质部把水分吸到地上。

但是当我们把白萝卜横着切开，却看不到像胡萝卜那样明显的同心圆。因为胡萝卜粗壮的地方是形成层的外侧，而白萝卜粗壮的地方是形成层的内侧。白萝卜的形成层和表皮离得非常近，所以并不起眼。

拥有这种形成层，正是双子叶植物的特征。

◆ 双子叶植物和单子叶植物维管束的区别

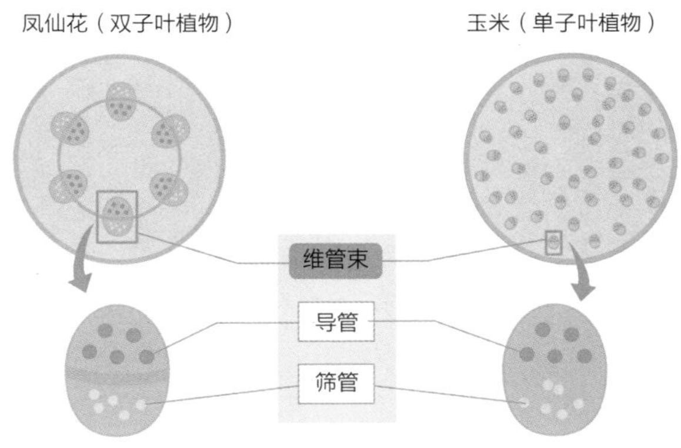

没有形成层的芦笋

单子叶植物，是没有形成层的。

当我们把单子叶植物的芦笋切开观察，会发现有很多圆圆的小颗粒散布在各处。而这些圆圆的小颗粒，其实是一个个包含着木质部和韧皮部的维管束。维管束并不是规则地排列分布，而是零散地分布在各处，正是单子叶植物的特征。

先有树还是先有草

巨大的植物和恐龙

体型巨大的大“树”，和路边野草那样的小“草”，究竟哪种才是进化过程中进化得更加完全的形态呢？

也许我们会觉得，有着粗壮树干和茂密树枝的大树，才是进化后更加复杂的形态。但其实，进化得更加完全的是小草。

当苔藓那样小小的植物进化成蕨类植物，蕨类植物就像是巨大的树一样，可以长成广阔的森林。

我们看有关恐龙的电影的时候，会发现很多由巨大的植物组成的森林。那个时代的植物，个头都是很庞大的。

在恐龙繁盛的时期，由于气温很高，光合作用必需的二氧化碳浓度也很高，植物生长得非常迅速，都长成了巨大的模样。而为了能吃到这些巨型大树上的树叶，恐龙也进化得更加庞大。为了防止恐龙来吃，植物们又进化得更加巨大。再然后，为了吃到这些更加巨大的植物叶子，恐龙的体型不仅进化得更庞大，脖子也进化得更长了。就这样，在植物和恐龙激烈的竞争下，它们都进化得更加巨大了。这正如我们在第27页介绍的共同进化那样。

在这之后，植物从蕨类植物进化成了裸子植物，再进化成了被子植物。植物长成了参天大树，形成了广阔的森林。

“草”的诞生

“草”这类型的草本植物，被认为是在恐龙时代的末期，也就是白垩纪后期诞生的。

在那个时期，地球上仅有的一个陆地板块被地幔对流分裂，开始移动。分裂开来的大陆板块又发生了撞击，撞到一起后的板块产生了变形，形成了山脉。而由于地壳运动，地球上的气候也发生了变化。

在这种不安定的环境下，植物很难再慢慢地长成一棵大树。

所以，就进化出了可以在短时间内开花结果，进行新老交替的“草”。

这种适应急剧变化环境的草，现在被称为“单子叶植物”。在这之后，也有进化成草的双子叶植物。

现在，单子叶植物全部都属于草本植物。而双子叶植物中，则既有木本植物又有草本植物。

实际上，关于单子叶植物是如何进化而来的，我们并不十分清楚。但我们很清楚单子叶植物的特征：适应环境变化的速度和优秀的功能性。

在教科书里，关于单子叶植物和双子叶植物的区别，是这样介绍的：正如它们的名字一样，双子叶植物的子叶有两片，而单子叶植物的子叶只有一片。而且，双子叶植物的茎里面，有着由导管和筛管组成的环状物——形成层，而单子叶植物则没有形成层。

重视速度的单子叶植物

看到这里大家可能会觉得，比起构造简单的单子叶植物这种古老植物，发达的双子叶植物才是进化更加完全的植物。然而事实却并非如此。

单子叶植物的一片子叶，其实是由原本的两片子叶合在一起形成的。而且，要想拥有形成层这种结实的构造，植物的茎必须足够肥大，植物的本体也要大一些才行。形成这些，可是很费工夫的。所以，重视速度的单子叶植物才舍弃了形成层这一结构。

此外，单子叶植物的叶脉是平行叶脉，根是须根。而双子叶植物，为了可以生长得够大，分布着很多结实的分枝。与之相比，不用生长得很大的草本植物——单子叶植物，则更加重视速度，所以才采用了直线构造。

就像奥林匹克的田径运动员和游泳运动员为了追求速度，会减掉身上的赘肉，穿上最轻便的运动服，甚至会刮掉体毛一样，因为重视速度，单子叶植物也舍去了那些不必要的部分。

萝卜腿竟然是一种夸奖

白萝卜竟然很细?

被人说“萝卜腿”的话，应该没有人会觉得高兴吧。

因为“萝卜腿”是形容人腿粗的。

但是在日本的平安时代（约794—1192年），“萝卜腿”其实是说人的腿很美的一种夸奖。那个时候的白萝卜并不像现在这样粗大，所以那时候的“萝卜腿”说的其实是又瘦又白的腿。再往前追溯，《古事记》中也有着“像白萝卜一样白嫩的手腕”这样的形容，所以白萝卜说不定原本就是很细的。

但是，随着之后对白萝卜品种的改良，白萝卜慢慢变得又粗又大。而“萝卜腿”变成了用于形容人腿粗的词，据说是从江户时代（1603—1868年，又称为德川时代）之后才开始的。在这之后，日本还改良培育出了重达数十千克的世界上最大的萝卜——樱岛萝卜，和长度超过一米的世界上最长的萝卜——守口萝卜。

白萝卜的原产地是地中海沿岸到中亚地区。实际上，白萝卜原种的根并没有那么粗大。即使在现在，欧洲那边的“白萝卜”品种，其实也就和我们的小水萝卜一般大。

这样说来，欧洲的传说中，必须喊着“使劲儿拔哟，哼哧嘿哟”才能拔出来的，其实不是白萝卜，而是一棵粗壮的大头菜。

就像原本并不粗大的白萝卜被改良成了又大又圆的样子一样，人类不断地对野生植物进行着改良、培育。我们现在吃的、看到的蔬菜、水果、花卉，其实都是人类改良后的品种。

而这种改良又是怎么进行的呢？

野生植物和自然淘汰

野生植物会留下有着各式各样特性的子孙。因为只有拥有各式各样的特性，才能保证就算环境发生了变化，也有一部分可以继续生存下来。

有的植物发芽早，有的植物发芽晚；有的植物竖着长，有的植物横着长；有的植物开花早，有的植物开花晚；有的植物抗寒，有的植物耐热；有的植物可以抵抗病原菌，有的植物可以抵抗病毒；有的植物可以忍受干燥，有的植物可以适应湿热……总之，富有多样性在自然界中是非常有利的。

如果环境发生了变化，只有耐寒的植物才能生存下来，那么也就只有耐寒的植物可以繁育出自己的子孙。而耐寒的植物，也会继续留下富有多样性的后代。从耐寒的，到不耐寒但是抗暑的，各式各样。如果寒冷的环境一直持续下去的话，具有耐寒能力的子孙就会存活下来，并且变得更加耐寒。在这种“只有耐寒的植物才能生存下来”的选择压力下，与之匹配的耐寒能力就会进化得越来越发达。这种适应自然条件就可以生存下来，不适应自然条件就会被淘汰的机制，叫作“自然淘汰”。

我们说的这些都是自然界中的现象。那么，人工培育出来的植物又是什么情况呢？

由人类进行淘汰的栽培植物

白萝卜也是植物，也会留下各式各样的子孙。大的小的，长的短的，白萝卜的子孙也有着各式各样的特征。

人类想要大个头的白萝卜，所以就选出了个头较大的白萝卜，选取它们的种子进行播种。然后第二年，再继续从培育出的白萝卜中选出个头较大的。这样，按照一定的标准进行选择，就会使培育出来的白萝卜越来越大。这就和严寒的环境选择下，只有耐寒的植物才能生存是一样的道理。这种按照人类的要求进行淘汰的机制被称为“人为淘汰”。

植物会留下各式各样的子孙。而这种多样性对于人类栽培来说，却并非一件好事。比方说，我们明明将大个头白萝卜的种子种下了，却收获了小个头白萝卜或是长条形白萝卜，这对人类栽培可以说是非常不方便。而且，有的植物先发芽，有的植物后发芽的话，人们也没办法进行统一收割。对于野生植物来说，“多样性”是非常重要的，但是对于人工培育的栽培植物来说，追求的则是“均一性”。

人们即使已经得到了希望的植物体，也会反复地进行淘汰，直到达到相同的性质。这个过程被叫作“固定”。而人工栽培的植物品种，就是在这种“选拔”和“固定”的过程中产生的。

植物不能动的原因

植物不用去寻找食物

植物不能够和我们人类一样走来走去，来回跑动。

那么，为什么植物动不了呢？

如果问问植物这个问题，它们一定会这么回答：

“为什么人类不动的话就没办法存活下去呢？”

确实，动物如果不动起来的话，是没办法生存下去的。因为动物需要去觅食，不吃东西的话，动物就没办法活下去。而植物则没有这个必要，所以它们不需要动起来。

人类，总是以人的标准来看待其它生物。但实际上，人类的生存方式并不是一种理所当然的存在。如果站在其他生物的角度来看的话，说不定人类才是很奇怪的物种。

即便如此，植物的生存方式也可以说是很与众不同的。

为什么植物不用像动物那样寻找食物，吃东西呢？答案是：光合作用。

◆ 内共生学说中叶绿体的诞生

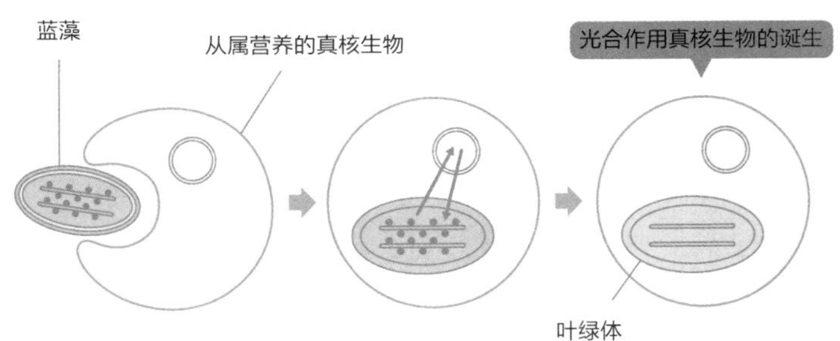

真核生物吸收了蓝藻，成为共生关系。

植物可以吸收太阳光的能量，并将二氧化碳和水合成生存必需的糖分。这个过程就叫作光合作用。

因为植物可以进行光合作用，所以它们没有必要动起来。而且植物通过吸收土里面的营养成分，可以生成自身成长所需的所有物质，所以植物也被称为“自养生物”。

与之相比，动物们无法自己形成营养成分。为了生存，它们只能以植物为食，或者以吃植物的其它生物为食，所以动物属于“异养生物”。

植物和动物的基本生存结构其实并没有很大的差别。

在生命刚刚在地球上诞生的38亿年前，动物和植物并没有什么差别。植物也好动物也好，都是从同样的祖先那里进化而来的。

不可思议的叶绿体

植物和动物最大的差别之一，就是植物的细胞中有可以进行光合作用的叶绿体。那么这种将植物和动物区别开来的叶绿体，究竟是怎样生成的呢？

叶绿体，其实非常不可思议。DNA位于细胞核里，而叶绿体却有着和细胞核不一样的DNA，可以自身繁殖。实际上，人们认为叶绿体在很久以前就是一个独立的单细胞生物。它很有可能是被更大的单细胞生物吸收，然后在其细胞内实现共生的。这就是现在的“内共生学说”。

也就是说，大个的单细胞生物和可以进行光合作用的单细胞生物的相遇，诞生出了植物的祖先。

有了叶绿素，才能进行光合作用哦！

植物为什么是绿色的

叶绿体和叶绿素

我们都知道，植物是绿色的。可是植物为什么是绿色的呢？

植物的叶子中含有叶绿体，而叶绿体中含有大量的绿色色素。由于这些绿色色素的存在，使得叶子全体呈现出绿色来。这种叶绿体中的绿色色素，被称为叶绿素。

叶绿素的英文是“Chlorophy”。这个词，从词源上说，是由希腊语中表示绿色的“Πράσινο”和表示叶子的“Φύλλα”组成。

植物中的叶绿素，起着非常重要的作用。

植物以水和二氧化碳为原料，合成出生长所必需的糖分。这个过程被称为“光合作用”。而叶绿素，则是植物进行光合作用的主要色素。

“叶绿体”“叶绿素”这两个名字总让人觉得十分相似。实际上，叶绿素就是存在于叶绿体中的色素。也就是说，如果把叶绿体比作进行光合作用的工厂，那么叶绿素则是工厂中进行光合作用的装置。

植物呈现出绿色，是因为有叶绿素。那么叶绿素为什么是绿色的呢？

太阳光与光合作用

太阳光，是由很多种颜色混在一起的光。叶绿素为了进行光合作用，会利用波长短的蓝光和波长长的红光、黄光。这些颜色的光，能够被叶绿素吸收，而位于中间波长的绿光，不太会被用来进行光合作用，所以也就不会被吸收，而是直接被反射回去。

我们的眼睛如果接收到红光，就会看到红色。如果红光之外的光都被吸收了，只反射红光的话，我们的眼睛就会只接收到红光。因此，反射着红光的物体，在我们的眼中就是红色的。

叶绿素吸收、利用了蓝光、红光和黄光，而将绿光反射回来。所以，我们的眼睛就会看到绿色。

像红紫苏或是紫甘蓝这样，叶子不是绿色的植物也有。因为它们除了叶绿素，还有着其他颜色的色素，所以绿色也就被掩盖了起来。

浮游生物与红色的海藻

植物中也有不是绿色的。比如说，在丰盛的海藻沙拉中，有一些海藻的颜色就是鲜艳的红色。像这样的海藻，是不含有叶绿素的。

在浅海处生长的海藻，和在陆地上的植物一样，都利用红光和蓝光来进行光合作用，而不吸收绿光。所以，这些海藻就会呈绿色。这一类海藻被称为“绿藻类”。

而在大海的深处，海水会吸收红光。

像鲷鱼和虾这种在深海活动的生物，身体会呈现出鲜艳的红色。这是因为在深海中红光没办法到达，所以就看不到红色。因此，红色的身体在深海中能起到很好的隐身效果。

在深海中生长的海藻，由于没办法利用红光进行光合作用，所以主要是靠吸收蓝光作为光合色素，而不被吸收的红光和绿光则被反射了回来。身在陆地上的我们，就会看到由红色和绿色混合成的褐色。这些褐色藻类就被称为“褐藻类”。

另外，如果水面上有浮游生物的话，会把剩余的蓝光也吸收掉。所以海藻没有办法，也只能利用不太适合的绿光来进行光合作用。这样的海藻吸收了绿光，将红光反射了回来。从陆地上看的话，这一类海藻会呈鲜艳的红色。因此，这一类海藻被称为“红藻类”。

随着地面的隆起，浅滩会逐渐干涸。植物们不得不适应地面上的环境并不断进化。因此，我们看到的植物大多都是绿色的。

植物的血型是什么

植物的血型？

人类和动物都有血液，那植物也有吗？

我们把植物切开，它也不会像人一样滴血。植物，是没有血液的。

但是，植物中的叶绿素和我们血液里红细胞中的血红蛋白非常相似。叶绿素和血红蛋白的基本构造都是一样的。唯一的区别就是，叶绿素分子构造的中心元素是镁，而血红蛋白分子构造的中心元素是铁。

叶绿素和血红蛋白的相似，只是个小小的偶然。植物和动物虽然形态外貌极不相同，其实基本的生存机制差别不大。所以，植物和动物的这些相似点，也不足为怪了。

人类有自己的血型。而如果给植物也做个血型检查的话，就会发现有和人的血液一样反应的物质。

人的血型，是由血液中的糖蛋白的种类决定的。而植物中，大约有一成的植物拥有和人类类似的糖蛋白。如果给植物进行血型检查的话，会发现它们的血型多是O型和AB型的。举个例子，萝卜和卷心菜的血型是O型，而荞麦的血型是AB型。

◆ 叶绿素和血红蛋白非常相似

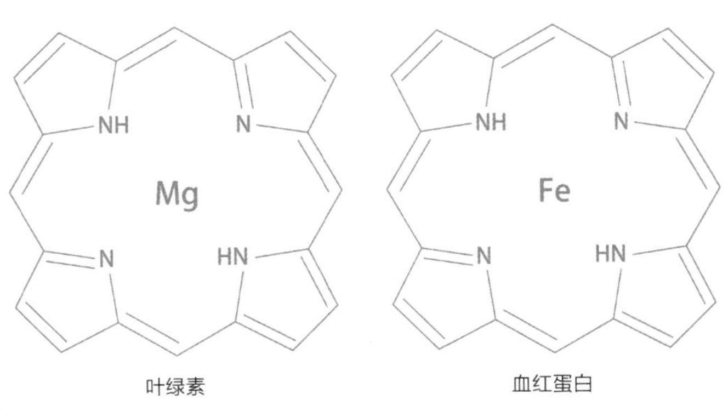

与根瘤菌的共生关系

豆科的植物中，一种叫作豆血红蛋白的成分，是和人类血液中的血红蛋白非常相似的物质。

如果把豆科植物的根挖出来观察的话，就会发现上面有很多又小又圆的、像小瘤子一样的东西。这些小瘤子叫作“根瘤”，它里面住着一种叫作根瘤菌的细菌。豆科的植物借助这种根瘤菌，可以吸收空气中的氮，使它们即使在缺氮贫瘠的土地中也可以生长。

豆科植物为根瘤菌提供栖身之地和营养成分。作为回报，根瘤菌给植物进行固氮。豆科植物和根瘤菌这种互惠互利的关系，被称为“共生”。

豆科植物的生长战略

但是，豆科植物和根瘤菌的这种共生关系，也存在一些问题。

为了给豆科植物固氮，根瘤菌需要耗费很多能量。而为了产生这种能量，根瘤菌需要进行有氧呼吸。也就是说氧气是非常必要的。但是，氧气的存在又会使固氮所必需的酶丧失活性。

氧气很重要，但是有了它的话就没办法进行固氮。所以，豆科植物必须做到为根瘤菌运送氧气，然后将多余的氧气快速消除。为了解决这个问题，豆科植物生成了可以高效运输氧气的豆血红蛋白。

◆ 豆科植物的根瘤

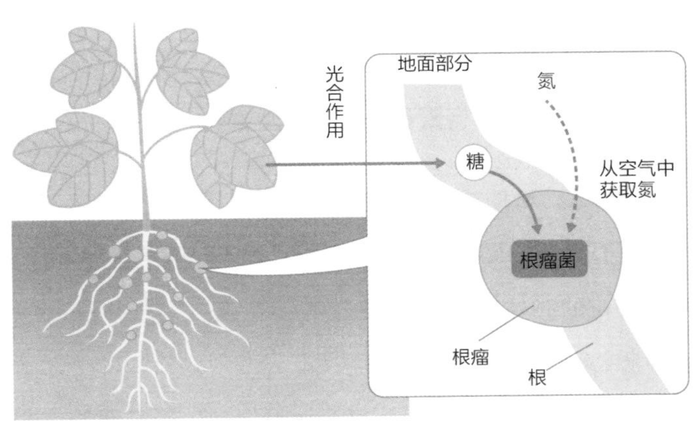

将空气中的氮固定的豆科植物的根瘤

人类血液里的红血球中的血红蛋白，可以高效地把氧气从肺部输送到全身。而豆科植物中的豆血红蛋白也是如此，可以高效地运输氧气。

把新鲜的豆科植物的根瘤切开的话，会渗出像血一样红色的东西。这就是豆科植物的血液——豆血红蛋白。

樱花运动服上的樱花是什么品种

山樱花和染井吉野樱花

在日本，橄榄球队代表性的衣服就是“樱花运动服”。

上面印着的樱花，和我们看惯了的樱花还有些差别。

赏花的时候观察一下盛开的樱花就会发现，在叶子长出来之前，花就先开了。而在花开败了之后，叶子才开始长出来。但是，观察一下樱花运动服上的图案我们就会发现，在开满樱花的枝头上，还点缀着几片叶子。我们在花纸牌上也可以看到同样的樱花。纸牌上，在盛开的樱花间，也画着几片绿叶。

先长叶子后开花，其实是自古以来日本野生的山樱的特征。我们平常去赏花看到的樱花，其实是染井吉野樱花。染井吉野樱花，是江户时代中期，大约1750年的时候在江户被培植出来的樱花品种。

这种染井吉野樱花，在叶子长出来之前花朵就已经盛开了。当它完全盛开的时候，绽放的花朵好似能把天空遮住一般。所以染井吉野樱花非常有人气，在日本全国范围内都有种植。

◆ 山樱

但是，樱花树的生长非常花时间。人们是怎样做到在短时间内让染井吉野樱花的种植范围扩大到现在的规模的

呢？实际上，染井吉野樱花是通过嫁接或是扦插的方法来扩大种植的。比起靠种子来种植，这种方法可以快速地培育出树苗。

而且，靠种子培育出的樱花，很有可能特征和上一代完全不一样。但是，通过嫁接或是扦插的方法培育出的树苗，就相当于本体樱花树的另一个分身，可以保证培育出来和本体有着一模一样特征的樱花。

樱花一齐盛开的原因

像这种用同一个个体分身出后代的方法，被称为“克隆”。人类的克隆，还停留在科幻电影的想象中。但是对于植物来说，克隆是一件再简单不过的事情了。

植物的繁殖方法，有依靠种子进行繁殖的种子繁殖，和通过枝和茎的分身来繁殖的营养繁殖。人工种植的时候，大都喜欢采用营养繁殖的方法，因为这样培育出来的植物，能够和最初的本体保持同样的性质。像红薯、土豆、草莓、菊花这样可以进行营养繁殖的植物，在人工种植的时候，都会尽可能地选择这种方法。

原本就是野生植物的山樱，每棵树开花的时间或早或晚，各不相同。所以相当长的一段时间内都可以欣赏到山樱。和它不同，染井吉野樱花的树木由于都是从同一个本体克隆出来的，所以开花的时期也都是一样的。它们一齐盛开，也一齐凋零。

电视中会介绍日本的樱花锋线。随着气温的变化，樱花会从南向北依次盛开，因为全国的樱花树其实都是有着相同性质的克隆树。

种子的秘密

大米是稻子的奶水

大家见过“稻子”这种植物吗？

日本的农田中种植的作物，就是稻子。

那么，大家见过稻子的种子吗？

我们平常吃的“米饭”，其实就是稻子的种子。我们通过食用稻子的种子，可以获得生存所需的能量。

不过我们吃的大米，其实并不是稻子的种子原本的模样。就算把大米埋进土里，也是不会发芽的。

刚刚收获的稻子的种子，外面有一层硬硬的壳。把这层硬壳去掉，里面的这颗种子就是“糙米”，而糙米是现如今非常有人气的健康食品。如果我们把从米店买回的糙米泡在浅浅的水里，糙米就可以长出芽来。这种糙米，其实就是稻子的种子。

糙米的组成，包括被称为胚的植物的芽的部分，和为胚的生长提供营养的胚乳的部分。如果说胚是可以成长为幼芽的小宝宝，那胚乳，就恰如字面那样，是为小宝宝提供营养的奶水。

糙米的表面还有一层“糠”。这里，我们去掉糠的部分，将胚的部分称作胚芽。这种保留了胚芽部分的米，就是“胚芽米”。我们再把胚芽的部分也去掉，只留下胚乳的部分，就是我们平常吃的大米了。所以，我们吃的其实不是稻子的种子，而是稻子的小宝宝吃的奶水。由于大米只是奶水的部分，所以就算把大米埋进土壤里，也是不会发芽的。

稻子的胚乳的成分主要是碳水化合物。种子通过储藏在胚乳中的碳水化合物进行有氧呼吸，可以分解产生出发芽所必需的能量。

这和我们吃掉大米饭，其中的碳水化合物进行有氧呼吸，可以分解出我们需要的能量物质是一样的。

◆ 大米的胚芽和胚乳

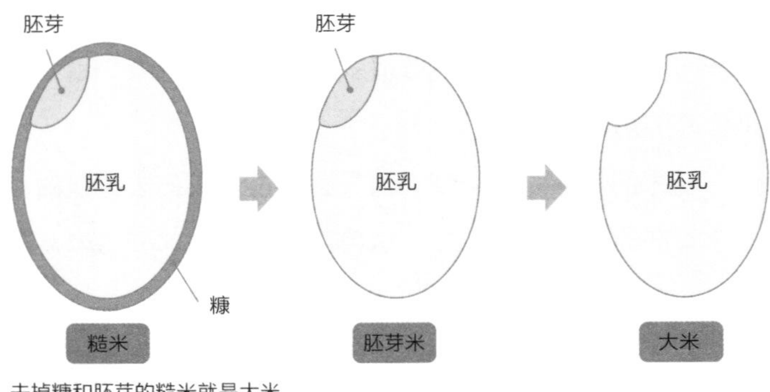

去掉糠和胚芽的糙米就是大米。

大豆和黄瓜的共同点

除了大米，我们也会吃其他植物的种子。

比如说，豆子就是植物的种子。我们这里就以黄豆为例吧。

我们把从超市里买回来的干黄豆泡在水里，黄豆就可以发出芽来。但虽说同为种子，黄豆的种子却不像稻子的种子那样细致。

稻子的种子里，包括可以成长为植物的胚，和种子发芽所需的营养成分——胚乳。但是，黄豆的种子中却不含胚乳。

没有胚乳的话，黄豆的种子是如何获取发芽所需的营养成分的呢？

我们观察一下黄豆发芽的模样就会发现，从黄豆中伸出了和种子差不多大小、差不多厚度的子叶。实际上，这个子叶里面，就储存着黄豆的营养成分。

◆ 发芽的大豆

大豆将营养成分储存在子叶中

想要确保作为营养源的胚乳的空间的话，将来要成长发芽的胚的个头就会被挤压。而黄豆的种子，将营养成分都储存在子叶中，这样一来，就可以使胚的个头更大。这和我们为了节省飞机内部的空间，把飞机的燃料罐暗藏在机翼里是同样的道理。

小小的种子成长发芽并顺利地存活下来，这可并不是一件简单的事情。所以，种子的小芽哪怕只大一点点，生存下来的可能性都会高一点。因此，豆科植物的种子都不含有胚乳，被称为“无胚乳种子”。和豆科植物一样，黄瓜和南瓜这些葫芦科的植物的种子，也都是无胚乳种子。

红小豆的芽

我们刚刚介绍了黄豆，那红小豆的情况呢？红小豆是赤豆这种植物的种子。我们从超市买回来的干燥红小豆，也是可以发芽的。我们把红小豆的种子埋在土里，是看不到它的子叶从土里钻出来的。最先冒出头来的，是红小豆的真叶。所以外观上看起来，红小豆的芽好像没有子叶一样。其实，这是因为红小豆的子叶藏在土里，并没有长到地面上来。

对于豆科的植物来说，子叶可以说是种子发芽的能量库。这样看来，不把这个能量库露出来，而是安置到地下，也是非常合理的。

◆ 红小豆的子叶在土里

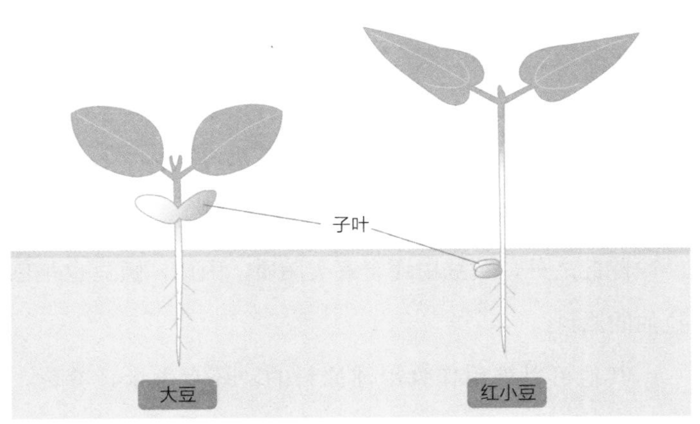

种子能量源的不同

作为稻子的种子的米粒，主要的能量源是碳水化合物。

而黄豆，除了碳水化合物外还含有蛋白质。所以，黄豆也被称为“田间的肉”。主要成分是碳水化合物的大米，加上富含蛋白质的黄豆，可以很好地使我们的饮食达到营养均衡。日本的味噌就是由黄豆制成的。味噌加上米饭，这种典型的日式饮食组合，其实就是稻子和黄豆种子的能量源的组合。

黄豆的种子中含有蛋白质是有原因的。

正如书中第108页介绍的那样，豆科的植物可以通过固氮来获取空气中的氮。因此，即使是在氮元素缺少的土地里面，豆科植物也可以成长起来。但是，当芽从种子里冒出来的时候，还没办法进行固氮。所以，种子会预先储存好含有氮元素的蛋白质。

除此之外，黄豆中还含有类脂质，因此，黄豆也是色拉油的原料。

其他可以被用作食用油原料的，还有玉米、葵花、油菜籽和芝麻等。这些植物种子的发芽能量源都富含类脂质。

相较于碳水化合物，类脂质可以产出两倍以上的能量。

玉米和葵花在发芽后的短期内，会长得个头非常大，这就是因为利用了类脂质。

那油菜籽和芝麻又是什么情况呢？油菜籽和芝麻中

含有能量效率非常高的类脂质，这使得每一粒种子的个头变得很小。种子的个头变小了，种子的数量就会相应地增多，所以油菜籽和芝麻种子的数量都非常多。

类脂质是有利的？

这样想的话，种子中富含类脂质似乎是一件非常有利的事情。那为什么所有的植物不都以类脂质为能量源呢？

想要培育出储存有可以产生能量的类脂质的种子的话，就必须要消耗掉相应的能量。而储存类脂质，也会增加本体植物的负担。

不论是碳水化合物，还是蛋白质、类脂质，这些物质都各有好坏。因此，植物会结合自身所处的环境，平衡地利用碳水化合物、蛋白质和类脂质这些使植物发芽的能量。

孟德尔的遗传学说

基因的显性和隐性

大家的长相是像爸爸呢，还是像妈妈呢？

有的人眼睛长得像爸爸，但是嘴巴长得像妈妈。与其说孩子的长相介于爸爸妈妈之间，还不如说，孩子的某一部分长得和爸爸像，而某一部分长得和妈妈像。

人类有46条染色体。这46条染色体，两条为一对。也就是说，人类有23对染色体。在这23对染色体中，蕴藏了人类生存的所有基本信息。这种基本的染色体的集合被称为“基因组（Genome）”。这个词是由“基因（gene）”和“全部（-ome）”两个词组成的复合词。

人类拥有两个基因组，一个来自父亲，一个来自母亲。所以，遗传信息中包含着两种基因。而其中的一种基因，在遗传信息中发挥着作用。

比如说我们的血型。血型分为A型、B型、O型和AB型四种。如果孩子从父亲那里获得了O型血的基因，从母亲那里也获得了O型血的基因，O型血加上O型血，那么孩子的血型就一定也是O型的。如果孩子从父亲那里获得了O型血的基因，而从母亲那里获得了A型血的基因，A型血加上O型血，孩子的血型就会是A型的。在同时拥有A型血和O型血基因的情况下，发挥作用的就是A型血的基因。

我们会把显现出来的A型血基因表示为“显性”，而把没有显现出来的O型血基因表示为“隐性”。但这并不是表示A型血的基因就要更加优秀，而是表示A型血的基因更加优先地发挥了作用。

爸爸妈妈哪一边的基因更加优先地发挥作用，孩子的特征就会更像哪一边。

当然了，基因并没有这么简单。比如像个头高、善于运动的这些特性，就不是由一个基因决定的。这些特征的形成，和很多基因都相关。

孟德尔发现的遗传定律

有一位叫作孟德尔的人，通过植物的试验发现了遗传的定律。

孟德尔的遗传定律如下：

有两种豌豆，一种代代都是圆粒，还有一种代代都是皱粒。如果圆粒豌豆的基因是A，那么一代代都是圆粒豌豆的基因则是AA。与之相对，如果皱粒豌豆的基因是a，那么一代代都是皱粒豌豆的基因则是aa。

圆粒豌豆的基因A和皱粒豌豆的基因a中，圆粒豌豆的基因A呈显性。将基因为AA的豌豆和基因为aa的豌豆进行杂交，得到的子代的基因一定是Aa。这种情况，由于基因A是显性基因，所以杂交得到的种子都是圆粒的。这个规律被称为“显性规律”。

现在用基因同为Aa的豌豆进行交配。得到的子代会继承基因A或是基因a，那么子代的基因就有可能是AA、Aa、aa三种情况。而这三种情况的比例是1∶2∶1。拥有基因A的AA和Aa，会呈现基因A的特性，也就是会长成圆粒豌豆。而只有没有基因A的aa，会长成皱粒豌豆。因此，子代中圆粒豌豆和皱粒豌豆的比例是3∶1。这被称为“分离规律”。

◆ 孟德尔定律

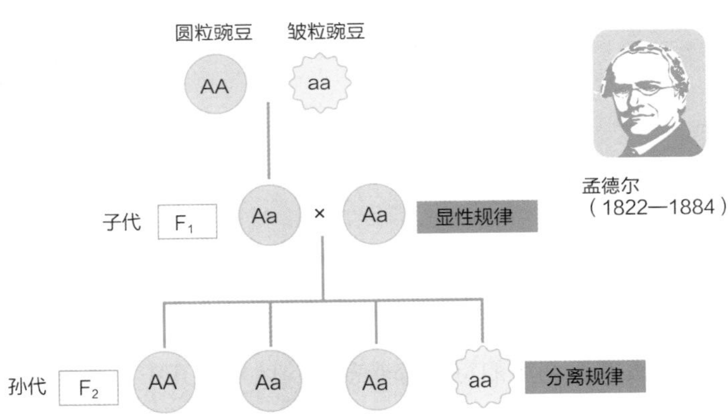

孙代（F_2）中圆粒豌豆和皱粒豌豆的比例是3：1。

在生活中，会有孩子长得不像父母，而是像爷爷奶奶的情况。豌豆中，也存在圆粒豌豆的后代呈现皱粒豌豆特性的有趣情况。

孟德尔非常喜欢生物，立志成为一名生物学家，但是他却没能通过取得教授职称的生物学考试。而就是这样一个人完成了一个世纪大发现。植物学还真是有意思啊。

彩色玉米之谜

农业的发展和植物的改良

随着农业的发展，人类对很多植物都进行了改良。

野生植物在自然界中生存所需的特性，和栽培植物便于为人类所利用的特性有非常大的区别。其中一种就是“脱粒性”（后文会有详解）。野生植物的种子都会被散播出去。但是栽培植物却不一样，它们的种子都是由人类收割的。所以种子不自行落下的话会更加方便。

还有很多其他不同的特征。

比如说，野生植物分散开生长更为有利。如果一齐发芽的话，一旦遇上灾害就会全军覆没，所以野生植物都会分散时间来发芽。与之相比，栽培植物如果不生长在一起的话就会很麻烦。人们更希望把种子播撒下去后，它们可以一齐发芽。所以，人们把栽培植物朝着“整齐”的方向不断进行改良。此外，就算是属于同种类的野生植物，也会有各式各样的特征，有的耐寒，有的抗病……只有具备多种多样的特性，才能保证不论在什么样的环境下都有生存下去的可能。可如果栽培植物也具有这么多样的特性的话，就会非常麻烦。试想一下，我们好不容易进行了品种改良，选出了具有更优特性的作物，结果实际栽培的时候，却又培育出了特征各式各样、口味参差不齐的品种，这可太令人头疼了。

野生植物为了维持集团中的多样性，会进行异花授粉。通过和不同的个体进行授粉交配，可以培育出具有各式各样特性的后代。但是，如果栽培植物也具有这样各式各样的特性的话就会非常麻烦。所以，栽培植物多是用自己的花粉对自己的雌蕊进行授粉并结果的自花授粉的方式进行繁殖。自己授粉自己结果的话，培育出和自己具有相似特性的后代的可能性就非常高了。

方便栽培的F_1品种

孟德尔发现了遗传的定律，其实也是因为作为栽培植物的豌豆，是一种自花授粉的植物。

我们在前文介绍的孟德尔定律中，基因为AA和aa的豌豆进行交配后，得到了基因全部为Aa的后代。也就是说，所有的种子的特性都一致。这对于栽培作物来说是非常方便的。因此，最近都采用基因AA和aa交配后的种子进行培育。由AA和aa交配得到的子代，被称为F_1代，而这样的种子则被称为F_1品种。但是，虽然被称为品种，其实它的性状并没有稳定下来。一般品种的情况，把种子播种下去，就会栽培出和母体具有一样特性的作物。但是，把F_1代的种子播种下去的话，根据孟德尔的“分离规律”，依旧会培育出不同的后代。因此，就必须要一边维持基因AA和基因aa的本体，一边每年产出F_1代的种子。

黄白玉米

黄色的玉米和白色的玉米进行杂交后，会得到黄色和白色混杂的双色玉米。而根据孟德尔的分离规律，黄色玉米粒和白色玉米粒的数量比为3：1。这种人工培育出来的玉米就属于F_1品种。而根据分离规律，这种F_1代的后代又会呈现出不同的特性。

◆ 双色玉米

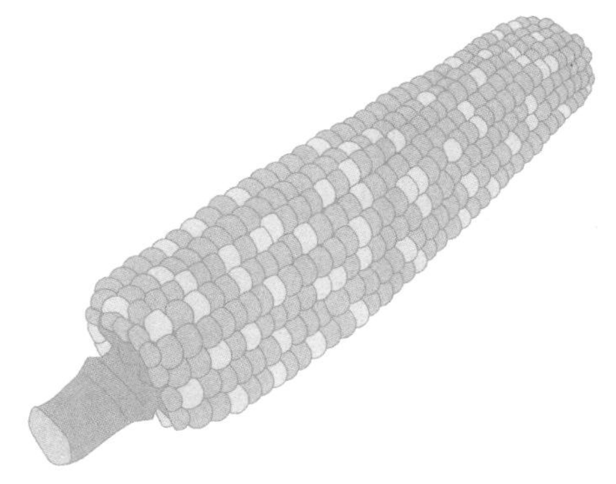

但是再仔细想想的话，多少会觉得有些奇怪。

F_1品种的后代，也就是种子当中的胚。就像我们在第115页中介绍的那样，胚的部分就相当于植物的宝宝。而胚四周的种子，则相当于守护着胚的妈妈的肚子。

F_1品种后代的特征，只有在胚发芽之后才能知道。那为什么像妈妈的肚子一样的种子，却会分为白色的和黄色的呢？

奇妙的现象——异粉性

大家知道“七彩玉米”吗？

七彩玉米，正如这个名字一样，一粒一粒的玉米粒呈现出不一样的颜色，就像漂亮的宝石、多彩的糖果一样。七彩玉米，准确来说其实应该叫作“玻璃宝石玉米”。

就像我们刚刚介绍的那样，黄色的玉米和白色的玉米杂交后，会得到有着黄色和白色玉米粒的黄白玉米。

提到玉米，我们首先就会想到黄色的玉米。但其实，最开始的时候，玉米不只有黄色和白色，还有黑色、绿色、红色、橙色等，非常多的颜色。人们推测，七彩玉米就是由各种玉米杂交而成的。

在玉米的起源地玛雅，有着这样的传说。传说众神用玉米创造了人类，而由于玉米有着各种各样的颜色，用玉米创造出来的人类也就有了不同的肤色。

玉米粒的颜色，是由花粉交配后的基因决定的。但是，正如我们在上一小节的最后提出的问题那样，玉米粒颜色的变化，其实是一件非常奇妙的事情。受精过后形成的种子中的胚，相当于植物的宝宝。宝宝的性状，是由父亲和母亲的基因决定的。这是一件非常自然的事情。但是，玉米粒中有颜色的部分，是包裹着胚的部分。用人体部位来解释的话，这个部分相当于孕育着宝宝的妈妈的肚子。玉米粒的颜色根据遗传定律发生变化，其实是父亲的性状显现在了母亲的肚子上。这种奇妙的现象被称为“异粉性”。那么，为什么会出现这种情况呢？

植物复杂的受精

这种情况，和植物复杂的受精有关。

植物的雌蕊粘上花粉后才能结成种子。雌蕊接受花粉的过程被称为“受粉”。但是，单单这样还没有办法进行受精。可以发育成种子的胚珠，位于雌蕊根部的子房内，所以精子必须从雌蕊顶端移动到根部。

当花粉到达子房的顶端时，就像种子发芽一样，花粉也会发出芽来。然后，会伸出一种叫作花粉管的小管子直达雌蕊的内部。当花粉管到达了胚珠的内部，花粉中的精子就会通过花粉管释放到胚珠中。

更加奇妙的是接下来的过程。

人类的精子只有一个核和卵子进行受精。而植物的花粉却有两个核。其中一个会进行受精，发育成植物的宝宝——胚，而另一个，会在胚珠受精后成为宝宝的奶水部分——胚乳。这种植物进行两次受精的现象，被称为“双受精”。

双受精这种现象，发生在所有植物身上。尤其像玉米这种，胚乳的性质体现在玉米粒的颜色上，所以非常便于观察。

三个基因组

就算如此，那为什么作为植物宝宝奶水的胚乳，一定要靠受精才能形成呢？

植物从精子和卵子那里，分别会继承一个基因组，两个基因组为一套。这种含有两个基因组的个体，被称为二倍体。但是，胚乳却不一样。精子中含有一个基因组，雌蕊中有两个基因组，所以一共有三个基因组。也就是说，受精后的植物是三倍体。拥有三个基因组，比起拥有两个基因组，可以形成更多作为植物营养成分的胚乳。所以，植物才要进行如此复杂的受精。

Part 3

开始读就停不下来的植物故事

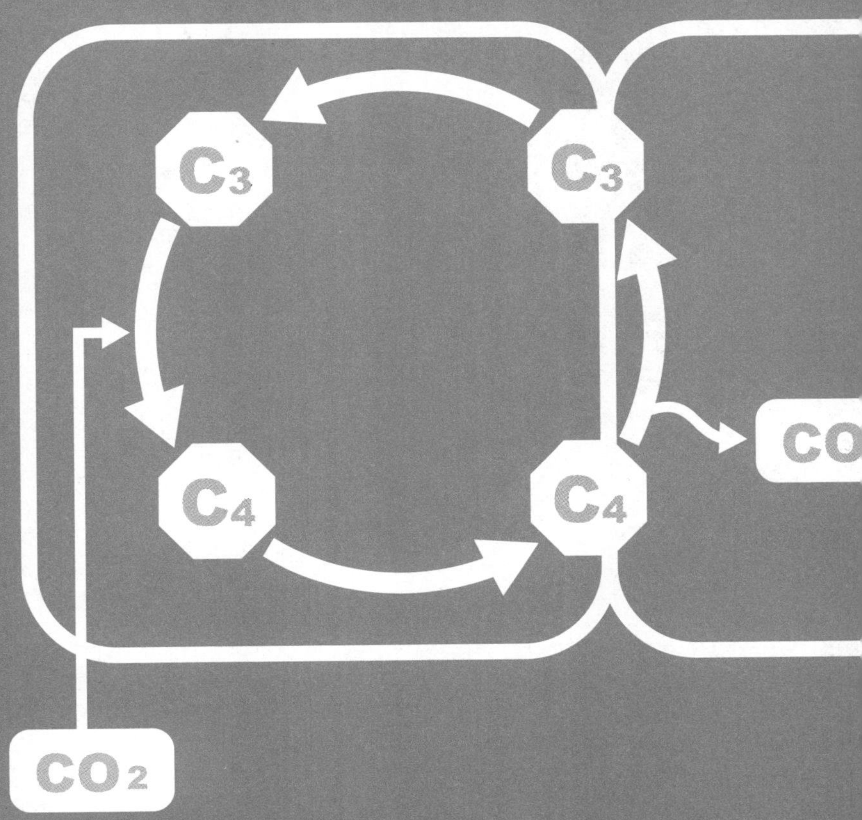

红灯笼是成熟的果实

红色可以刺激食欲

结束了一天的工作，不知不觉就被饭店门外摇动着的红灯笼诱惑去大吃一顿的职员恐怕不在少数。

这其实也是没有办法的事情。

红色可以刺激人类的副交感神经，使人的食欲更加旺盛，所以那些汉堡包、牛肉盖浇饭之类的快餐店的招牌都是红色系的。除此之外，很多中餐厅和拉面店的招牌或者店面，也都是红色的。

在绿色的蔬菜沙拉上点缀几颗红彤彤的番茄，在大板烧上撒上一些红姜，都会使原本的食物看起来更加美味可口。

为什么人们看到红色就会觉得很美味呢？

这其实和植物的进化有关。

植物对小鸟的甜蜜私语

在课本中，对裸子植物和被子植物的区别做出了这样的说明：两者的区别是，胚珠是裸露在外还是被包藏在子房内。裸子植物的胚珠裸露在外，而被子植物为了保护珍贵的胚珠，将它包藏在子房里。被子植物花了很大的功夫来进化，甚至将原本作为守护胚珠而存在的子房进化成了果实，以吸引动物来吃。

动物或是小鸟在吃掉植物果实的同时，也会把种子也一起吃进去。种子经过了动物或是小鸟的肠道后，会随着它们的粪便一起排出来。借由动物或是小鸟的移动，种子可以被散播到各个地方。

但是，如果种子在还没成熟时就被吃掉了的话可就糟了。所以，植物的果实在还没成熟的时候，会呈现出和叶子一样的绿色，以此隐蔽在同为绿色的植物中。而且，没有成熟的果实不仅没有甜味，还会有一股苦涩的味道。通过这些方法，可以使没有成熟的果实不易被吃掉。

等到种子成熟后，果实中的苦味物质就会消去，变得甜美多汁。而果实的颜色也会从不起眼的绿色变成醒目的红色，作为正当时节的标志。绿色标志着“请别来吃我”，红色则标志着“快来吃我吧”！这就是植物为了运送种子创作的标记。

吃掉植物的果实，运送种子的主要是小鸟。而植物的红色果实，就是召唤小鸟的暗号。

◆ 通过小鸟散播种子

小鸟将果实吃掉后，会将种子随粪便排出，从而使种子移动到新的地方。

哺乳动物中唯一可以辨别红色的动物是哪个

另一方面，哺乳动物中却没有红色的。

在恐龙繁盛的时代，哺乳动物的祖先为了逃避恐龙，选择在夜间活动。在昏暗的夜色中，红色是最难辨别的颜色。久而久之，夜行性的哺乳动物，就丧失了辨别红色的能力。

但是哺乳动物中，有一种动物恢复了辨别红色的能力。这种动物就是人类的祖先——猿猴。

虽然我们还没有搞清楚，我们的祖先是先以果实为食，才逐渐可以辨别出果实成熟的颜色，还是先学会了辨别红色，才开始以成熟的果实为食。但我们知道的是，我们的祖先可以辨别出果实成熟的颜色，并且逐渐把果实当成饱腹的食物。

红灯笼的颜色，就是成熟果实的颜色，所以人们总会在不经意间就被红灯笼吸引过去。

草原物语

草原上的战争

很多动物都以植物为食。

对于植物来说，被动物吃掉这种威胁最大的地方，恐怕就是草原了。

在深山老林中，草木丛生，盘根错节，植物是不可能被全部吃光的。但是，在视线良好、辽阔开放的草原上，植物不仅失去了藏身之地，而且生长的数量也非常有限。草原上的食草类动物都来争食这些为数不多的植物。

在这样的环境下，草原上的植物该如何保护好自己呢？

◆ 禾本科植物的生长点很低

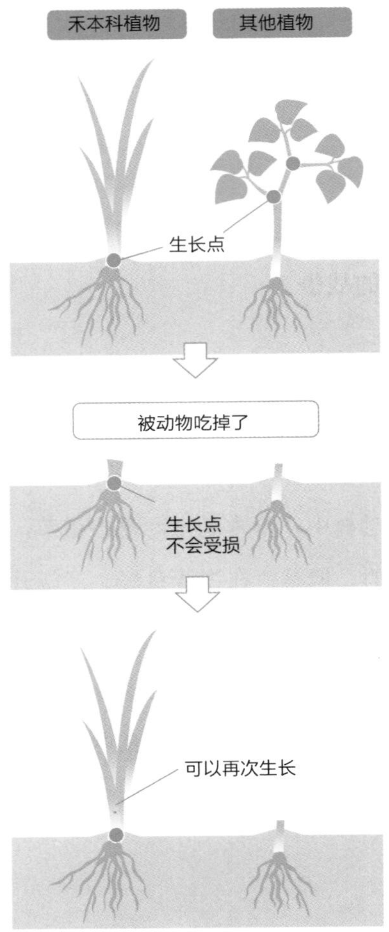

用毒是一种方法，但是制作毒素需要耗费相应的营养成分。在贫瘠的草原生产毒素，并不是一件简单的事情。而且，就算用毒素来保护自己，动物也会逐渐进化出相应的对抗手段。

禾本科植物的特征

在草原上，有一种被动物们当作食物的植物完成了非常惊人的进化。这种植物就是禾本科植物。禾本科植物的叶子中，储存有硅这种甚至可以被用作玻璃原料的坚固物质。此外，禾本科植物的叶子中还含有很多纤维，不易被消化。这样一来，动物们很难以禾本科植物的叶子为食。

禾本科植物还有着和其他植物非常不同的特征。

普通植物的生长点位于茎的尖端。随着新细胞的堆积，不断地向上生长。但是，如果茎的尖端被吃掉的话，这个重要的生长点也就没有了。

和普通植物不同，禾本科植物的生长点非常低，在地面附近。禾本科植物的茎不会向上延伸，而是在根株的地方保护着生长点。而叶子则会一片一片地向上生长。这样一来，不管动物们怎么吃，吃掉的都是叶子的尖端，而不会伤害到生长点。

但是，这样的生长方法也存在一个很严重的问题。

像这种一片一片堆积着向上生长的方法，可以一边进行细胞分裂一边自由地增加枝干，使叶子茂盛地生长。但是，这种让叶子从下到上堆叠着生长的方法，会使后边的叶子的数量没办法增加。

所以，禾本科植物的根株一边增加茎，一边也会增加把叶子推举上去的生长点的数量。这种现象被称为分蘖。

这样一来，禾本科植物就可以在地面附近形成可以生长很多叶子的分枝。

牛竟然有四个胃

禾本科植物的叶子蛋白质含量极少，营养价值也非常低。作为食物来讲并没有什么吸引力。禾本科植物一直在朝着叶子坚硬、不好消化、营养成分低的这种不适合食用的方向在进化。

但是，如果不以禾本科植物为食的话，草原上的动物将无法生存下去。因此，草原上的食草类动物为了可以消化吸收禾本科植物，进化出了各式各样的结构。比如说，牛逐渐进化出了四个胃。在这四个胃里面，和人类的胃起到同样作用的，是第四个胃。

牛的第一个胃容积很大，可以储藏吃进来的草。此外，胃里的微生物也发挥着作用，把吃进来的草分解为营养成分。也就是说，除了贮存，这个胃还承担着发酵槽一样的作用。

就像人类将黄豆发酵，制成营养价值极高的味噌和纳豆，或是将大米发酵，制成日本酒一样，在牛的这个胃里，也可以制作出营养丰富的发酵食品。

牛的第二个胃会将食物返回食道里。让牛胃里半消化的食物返回嘴里再次咀嚼，这个过程被称为反刍。牛在进食过后还趴在地上不停地咀嚼，就是在反刍。

牛的第三个胃能够调整食物的量。这个胃可以将食物返回第一个、第二个胃，或是把食物送到第四个胃。经过这样的前期处理，禾本科植物的叶子会变得非常柔软。此外，利用微生物的发酵，还可以创造出很高的营养价值。

如果想从禾本科植物那里获取营养，就必须吃下大量的草，用四个胃来完成这一过程。为了容纳这些体积很大的内脏，牛也逐渐演变成了大块头。

种子不会脱落的麦子改变了历史

都说人类是从草原上进化过来的。

但是，草原上这种叶子又硬、营养价值又低的禾本科植物，是没法成为人类的粮食的。虽然人类学会了使用火，但就算是把禾本科植物的叶子煮过烤过，也还是没办法吃。

不过，人类最终还是征服了禾本科植物，成功地把它们变成了自己的粮食。

稻子、小麦、玉米……现在作为人类主要粮食的谷物，都是禾本科植物的种子。

对于人类来说，人工栽培的麦子类作物和野生的麦子相比，最重要的性质是什么呢？

人工栽培的麦子类作物最重要的性质，就是种子不会脱落下来。

野生的麦子为了留下后代，会把种子散播出去。但是人工栽培的麦子如果也把种子散播出去的话，人类就不好收获了。

这种种子落下来的性质叫作“脱粒性”。所有的野生植物都具有这种脱粒性。但是，也有极低的概率，会发生种子不会脱落的突然变异。人类就找出了这种发生突变的植株。

如果种子成熟了还不落地，在自然界中是没办法留下后代的。因此，种子不会脱落的这种性质，其实是一种致命的缺陷。

但这种致命的缺陷对于人类来说，却是一种非常有价值的特性。种子不会自然脱落，而是原封不动地待在植物上的话，人类就可以收取这些种子当作粮食。再把这些种子继续播种下去的话，就可以收获更多具有种子不会脱落这种特性的麦子。

正是种子不会脱落的这种“非脱粒性”的突然变异，才促成了人类农业的开始。这种突变，可以说是人类历史上的一个革命性事件。

农业和文明

禾本科植物的叶子虽然没有什么营养，但是它们种子的营养却十分丰富，而且这些种子也非常便于保存。自从人类开始收取禾本科植物的种子作为粮食，农耕快速发展，人类文明也渐渐发展了起来。

◆ 世界的文明和主要作物

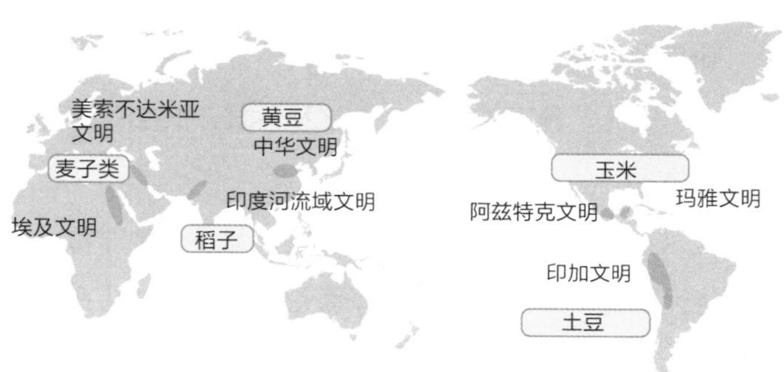

文明的发展，其实和植物有着很大关系。所有文明的发祥地，都一定有着重要的栽培植物。

埃及文明和美索不达米亚文明的发祥地，是麦子类作物的起源地。印度河流域文明的发祥地，是稻子的起源地。而中华文明的发祥地，是黄豆的起源地。中美洲的玛雅文明和阿兹特克文明的发祥地种植着玉米，而南美洲的印加文明发祥地则种植着土豆。

“有了栽培植物，才有了文明的发展”也好，“有了文明的发展，才有了栽培植物”也好，总之，人类文明的发展和植物息息相关。

厨房里的植物学

为什么切洋葱的时候会流眼泪

我们切洋葱的时候总会流眼泪。这是为什么呢？

在洋葱的细胞中，含有一种叫作蒜氨酸的物质。

这种蒜氨酸并没有刺激性。但是，我们切洋葱的时候会把细胞破坏掉，使细胞中的蒜氨酸跑到外面来。跑出来的蒜氨酸和外面的酶发生化学反应，会生成一种叫作蒜素的刺激性物质。就是这种蒜素，刺激着我们的眼睛。

蒜素还具有杀菌活性。也就是说，在洋葱受到病原菌或是害虫攻击的时候，蒜素可以起到保护作用。

这种刺激性物质，对洋葱自身也会产生不好的影响。所以平常的时候，洋葱只会生成无毒的原料物质。一旦细胞被病原菌或是害虫破坏了，才会瞬间释放出这种刺激性物质。如果细胞不被破坏的话，是不会形成这种刺激性物质的。

这和我们在使用一次性暖宝宝的时候，只有打开袋子，让它和空气接触后才会发生反应，释放热量，是同样的道理。

一边流着眼泪一边切洋葱确实很麻烦。其实，要想切洋葱时不流眼泪，也是有办法的。洋葱释放出来的这种叫作蒜素的刺激性物质，具有低温时不易挥发的特性。所以，如果我们在切洋葱之前把它放进冰箱里冷冻一会儿，就可以抑制这种物质的挥发。

另外，蒜素这种物质非常怕热，加热后就会分解。所以，切之前把洋葱放进微波炉里加热一会儿也是一个好方法。

竖着切还是横着切

洋葱竖着切还是横着切，效果也不一样。实际上，横着切洋葱更容易流眼泪。

从植物的构造上来看，细胞基本上都是竖向堆积排列的。这样竖向堆积的细胞会形成一束，在面对横向而来的外力的时候，不容易轻易折断。由于细胞是这样一束束纵向排列着的，所以虽然横着不容易折断，但是竖着的话就可以轻松地把它们分开。我们竖着切菜，劈砍木头，就是因为细胞是呈纵向分布着的。

◆ 洋葱的切法和细胞的破坏

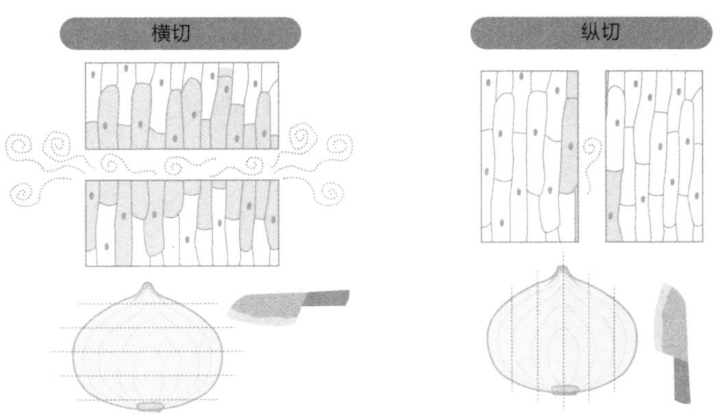

横着切洋葱的话，会破坏细胞，释放刺激性物质。

洋葱的细胞同样也是纵向分布的。因此，竖着切洋葱的话，只会把纵向分布的细胞和细胞分开，不太会破坏细胞本身。

与之相比，横着切洋葱的话，会切开洋葱的细胞。而细胞被破坏后，会释放出大量刺激性物质。

横着切洋葱的话，会破坏洋葱的细胞，使洋葱口感变得更柔软。此外，把横着切的洋葱泡在水里的话，辣味成分会溶解在水里，吃的时候就吃不出辛辣的味道了。所以，如果是用洋葱做沙拉的话，横着切更好一些。

但如果是炒菜的话，竖着切洋葱会更好些。因为横着切的话会破坏细胞，使细胞内的成分渗到外面来。竖着切的话，可以尽可能地不破坏细胞。直到我们吃的时候，才会通过咀嚼破坏洋葱的细胞，让洋葱的味道散发出来。这样的切法，可以使洋葱的味道变得更加浓郁。

黑介子硫苷酸钾和异硫氰酸丙烯酯

有的人说“要一边笑一边磨山葵”，也有的人说“磨山葵的时候不能笑”，究竟哪个才是真的呢？

可能这和个人的喜好有关吧。但是确实，磨山葵的方法不同，味道也会发生变化。

一般来说，似乎主张“要一边笑一边磨山葵”的人更多一些。正如我们刚才介绍的，洋葱的细胞中含有辣味物质的原料，随着细胞被破坏，这种原料和细胞外的酶发生反应，变成了辣味物质。

山葵也是如此。

山葵的细胞中含有一种叫作黑介子硫苷酸钾的物质。一旦细胞被破坏，细胞内的黑介子硫苷酸钾就会和细胞外的酶发生反应，变成一种叫作异硫氰酸丙烯酯的辣味物质。

如果很用力地磨山葵，磨好的山葵肌理就会很粗，细胞不会全部被破坏。但是，如果我们不太使劲，而是细细磨的话，就会使山葵的细胞一个个地全被破坏掉。也因此，会释放出更多的辣味物质。这样细细地磨，可以得到辣味浓郁的山葵。人们都说，用纹理细致的鲨鱼皮磨板，画着圆磨出的山葵效果最好，就是因为这样可以破坏大量细胞。

那萝卜泥要怎么磨更好呢？

萝卜和山葵同属于十字花科，同样可以用黑介子硫苷酸钾形成辣味物质异硫氰酸丙烯酯。

但是人们都说“一边生气一边磨萝卜泥，萝卜泥会变辣”。和山葵相比，萝卜要更硬一些。因此直直地磨萝卜，就像横着切洋葱一样，可以更多地破坏细胞，使萝卜泥的味道更浓郁。

给爱吃辣山葵的人的建议

山葵也好萝卜也好，使用的部位不同，辣度也是不一样的。山葵的话，靠近顶部的地方最辣，而靠近根部的地方辣度最低。因此，喜欢吃辣一点的人，可以一边笑着一边细细地把山葵的顶部拿来磨，这样就可以得到辣味浓郁的手磨芥末了。而不太能吃辣的人，只要把山葵的根部拿来用力地磨，就可以得到辣味更加温和、风味更加突出的手磨芥末了。

萝卜也具有相反的特点，靠近根部的地方最辣，靠近顶部的地方则没有那么辣。

萝卜苗长大了会变成什么呢

萝卜的茎去哪了

我们平常吃的萝卜苗，其实是萝卜的芽。

因为伸展的两片叶子像是张开口的小贝壳，所以萝卜苗在日语中被称为“贝割”。将萝卜苗继续培育，就会生长成我们平常吃的萝卜。

观察一下萝卜苗就会发现，在两片叶子的下面有一条细长的茎。但是，萝卜却没有茎的部分。

萝卜苗的茎在生长的过程中似乎消失不见了。

萝卜苗的两片叶子底下长着的茎，被称为胚轴。

种子在准备发育成植物体的时候，会配置好根、茎和叶。种子里还未发育的根被称为胚根，茎被称为胚轴，叶被称为子叶。而胚根、胚轴和子叶最终会成长发芽。发芽之后，或是自己吸收养分，或是进行光合作用，再生长出新的根、茎和叶。

而萝卜苗就是由胚根、胚轴和子叶形成的。

◆ 萝卜苗和萝卜

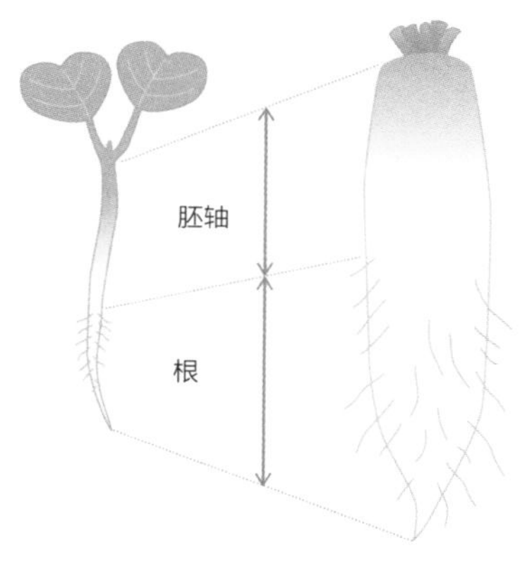

萝卜的生长

萝卜苗继续生长，就会长成萝卜。实际上，萝卜苗的胚轴和根一样，会随着生长变得越来越粗壮。

我们仔细观察一下萝卜的话就会发现，萝卜的下部分或是长着很多细细的须根，或是有着须根的痕迹。萝卜的下半部分，其实就是生长得十分粗壮的根部。

和萝卜的下半部分不同，萝卜的上半部分滑溜溜的，一点根须的痕迹都没有。这上半部分其实不是根，而是生长得很粗壮的胚轴。

我们去田地里看看就会发现，萝卜的上半部分都露在土地外面。这上半部分其实本来就是茎的部分，所以即使这部分露出地面一点也不奇怪。像现在我们在市场上经常见到的青萝卜，胚轴的部分还会泛着绿色。

萝卜苗的两片小叶子下面伸出的茎被称为胚轴，而上面的部分被称为茎。

那萝卜到底有没有茎呢？

萝卜的茎基本不会伸展，短短的茎上会不断长出叶子来。

把萝卜的叶子都扒掉，最后剩下的芯的部分就是萝卜的茎。到了春天，萝卜的茎就会猛长，然后开出花来。

辣度的差别就是部位的差别

前面我们介绍过了，萝卜的顶部和根部的辣度是不同的。这是因为辣味成分一般都储存在顶部。而像萝卜这种顶部和根部的辣度差别，和植物部位的不同也有关。

胚轴，起着将根部吸上来的水分运输到地上，将地上形成的糖分等营养物质运输到根部的作用。所以，胚轴的部分有着水分多、甜度高的特点。

萝卜的胚轴的部分这种水灵多汁的特点，非常适合做沙拉。这部分也有着香甜柔软的特点，所以也很适合做煮萝卜等炖菜。

萝卜的根部会偏辣。萝卜的根，是储存地上形成的营养成分的地方。为了防止虫子或是动物吃掉自己好不容易储存下来的营养成分，萝卜会生成辣味成分来守护自己。

萝卜越靠下的地方就会越辣。比较一下萝卜最上边的部分和底下的部分，底下的辣味成分要超过最上面的十倍。所以，萝卜的下半部分，多用来做味噌关东煮或是白萝卜鰤鱼这种味道浓郁的料理。

喜欢辣一点的萝卜泥的人，用萝卜的下半部分更合适。而不太能吃辣的人，则可以用萝卜的上半部分做成不那么辣的萝卜泥。

顺便说一下，山葵被称为根的可食用部分其实是根茎的茎的部分。而山葵表面上坑坑洼洼的小点，是长在那里的叶子落下之后留下来的痕迹。

为什么香蕉没有种子呢

将香蕉切成片后……

我们都知道，香蕉是没有种子的。可是，香蕉为什么没有种子呢？

其实在最开始的时候，香蕉是有种子的。但是有一天，诞生出了一种发生突然变异的没有种子的香蕉。

正如前文介绍的那样，植物从雄性的精子和雌性的卵子那里可以分别获取一个基因组，也就是说，植物内含有两个基因组。这种个体被称为二倍体。在形成精子和卵子的时候，这两个基因组会分成两半。然后经过再次受精，再回复成二倍体的状态。

但是不知道为什么，连种子都没有的香蕉却拥有着三个基因组。也就是说，香蕉属于三倍体。二倍体的植物可以把两个基因组对半分，但是三倍体的植物，却没办法很均匀地把基因组分成两份，所以也就没有办法形成种子。我们吃香蕉的时候，会发现上面有一些黑色的小颗粒。实际上，这些黑色的小颗粒就是原本应该长成种子的东西。

◆ 野生香蕉是有种子的

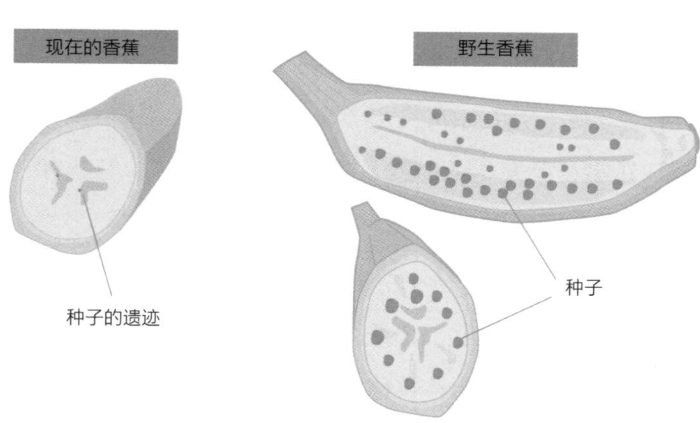

栽培品种和基因组的数量

对于植物来说，结不成种子这点确实属于一个缺陷。

但是对于人类种植的栽培植物来说，这个缺陷其实也有好的地方。举个例子，过去就有着无籽西瓜这种植物。无籽西瓜属于三倍体。如果我们从食用的角度来考虑的话，没有种子的西瓜吃起来其实更加方便。

芋头这种植物，也有二倍体的品种和三倍体的品种。三倍体的品种没办法结成种子。因此，原本提供给种子的这些营养成分，现在可以使芋头本身生长得更粗壮。此外，相较于拥有两个基因组的二倍体，拥有三个基因组的三倍体，基因组的数量更多，因此可以相应地使植物的体积更加壮大。这种三倍体的结构，可以使栽培作物的产量更高，使栽培植物的花朵或是果实的个头更大，这对于人类来说是非常有利的。

不只是三倍体，栽培植物中还有基因组数量更多的。比如说，小麦和白薯是六倍体，而草莓是八倍体。

彼岸花竟然是古代的栽培品种?

在秋天盛开的彼岸花，属于三倍体。因此，它们几乎不会生成种子。

但是彼岸花都是分散在各地开花的。如果没有种子的话，它们是怎么散落到各地的呢？实际上，彼岸花被认为是古时候的人们种植下的球根植物。虽然彼岸花的球根含有毒性，但是把它浸泡在水里的话就可以把毒性去除，没有毒性的彼岸花，可以作为人类的粮食。因此，人们在各地都种植着这种可被当作粮食的彼岸花。之后，彼岸花作为饥荒时期的应急食品在各地种植。渐渐地，彼岸花的种植范围在日本扩大开来。就算是在刚刚平整好的土地上，或是铁路沿线，都有着彼岸花的身影，这可能是因为人们把土连着球根一起运过来了。盛开的彼岸花背后，是古人栽培球根植物的历史。

即使如此，人类在最开始的时候，真的是把彼岸花当作粮食来种植的吗？

实际上，在彼岸花的原产地中国，也有着可以形成种子的二倍体彼岸花。可是二倍体彼岸花和三倍体彼岸花中，只有没办法形成种子的三倍体彼岸花被带进了日本。相较于二倍体彼岸花，三倍体彼岸花拥有更多的基因组，球根的体积也更大。另外，由于不用生成种子，球根也就相应地变得更加粗壮。可能就是因为这样，古人才会带着这种不能形成种子的彼岸花跨海回到了日本。日本彼岸花的历史，可比日本稻子的历史要久远得多。

狗尾巴草是一种高性能植物

小路旁生长的狗尾巴草

大家都知道一种叫作“狗尾巴草”的野草吧？

狗尾巴草的学名叫作阿罗汉草。在炎炎夏日里，就算是花坛里面每天都浇水的花朵和菜地里每天都浇水的蔬菜都枯萎了，而在小路旁生长的狗尾巴草，虽然没有人来给它浇水，却生长得格外茁壮。

实际上，狗尾巴草自身有着可以进行特殊光合作用的结构。这种高性能光合作用的系统被称为C_4循环。而拥有C_4循环的植物则被称为C_4植物。

光合作用，是一种很高级的过程。就像汽车的发动机通过燃烧燃料产生能量一样，植物通过吸收光能，使二氧化碳和水发生反应，产生出能量——糖分。这个过程就是光合作用。

光合作用，是一个十分高级的过程。即使是发明出了复杂如发动机的人类，至今也没能成功地研究出人工进行光合作用的方法。总是自诩科学文明的人类，其实连一片叶子也造不出来。

C_4循环是涡轮发动机

一般的植物都是通过C_3循环这种系统来进行光合作用的，所以被称为C_3植物。C_4植物也可以通过C_3循环进行光合作用，只不过除了C_3循环，C_4植物还拥有C_4循环。

C_4循环，其实就像汽车的涡轮发动机一样。

涡轮发动机，可以通过涡轮增压器来压缩空气，把大量的空气压进发动机，从而提升发动机的输出功率。光合作用的C_4循环，就是将吸收进来的二氧化碳生成拥有四个碳元素的苹果酸之类的C_4化合物，然后再把它们送到C_3循环那里。也就是说，植物通过C_4循环压缩了碳元素。因此，相较于C_3植物来说，C_4植物可以更好地进行光合作用。

除了狗尾巴草，还有很多其他的植物也属于C_4植物。比如说，农作物中的玉米就是一个典型的C_4植物。

就像涡轮发动机可以在高速行驶时发挥其特殊的用

处，高性能的C_4光合作用，也可以在夏日里炎炎的高温和强烈的光照下发挥出它独特的潜能。

想要进行光合作用的话，光是必不可少的。光照越强，光合作用的效果就越好。但是，如果光照过于强烈的话，就会超出光合作用的能力范围，使光合作用的能力达到一个极限。就像到达了一定速度后，再怎么踩油门也无法加速的车一样。

但是，C_4植物就不同了。就算是再强烈的光照，C_4植物也可以通过生成C_4化合物的碳元素，连续不断地进行光合作用。

狗尾巴草在炎炎夏日也不会枯萎的原因

C_4植物还具有耐干燥的特性。

植物为了进行光合作用，必须要打开气孔来吸收二氧化碳。但是，一旦气孔打开了，水分也会从中溜走。C_4植物会将气孔打开后吸收的二氧化碳进一步浓缩，所以可以一次性地吸收大量二氧化碳。如此，就减少了打开气孔的次数。属于C_4植物的狗尾巴草即使在炎炎的夏日里也能够茁壮生长，就是这个原因。

◆ C_4植物在C_3循环之前，还有吸收二氧化碳的C_4循环

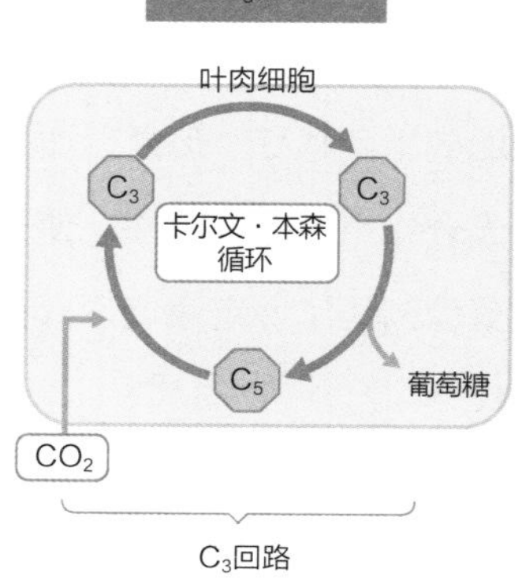

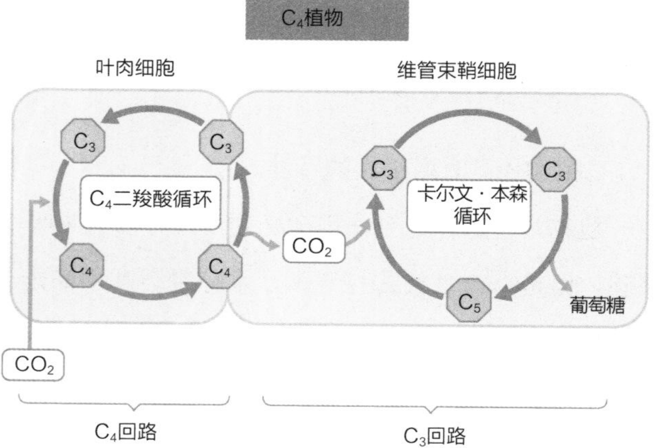

C_4植物的缺点

即使C_4循环这么厉害，全世界的C_4植物也仅仅占了百分之十左右。因为C_4植物也是有缺陷的。

C_4循环，可以在高温强光的条件下发挥出非常厉害的光合作用能力。但是，在低温弱光的条件下，C_4循环不管吸收多少二氧化碳，光合作用的能力都没办法提高。而且，为了运行C_4循环，需要更多的能量支持。就效率来看，并不如C_3植物。

因此，在热带地区，C_4植物可以说有着压倒性的优势。但是，在温带或是寒冷地区，C_4植物的这种优势可就发挥不出来了。就像是在畅通路段上可以马力全开、高速行驶的运动型轿车，到了缓慢行驶的拥挤路段，不仅不能发挥优势，还会徒增汽油的费用。

再度进化的CAM植物

像是仙人掌这种在极度干燥的地方生存的植物，又将C_4循环再度进化了。

汽车发动机中，有一个叫作双顶置式凸轮轴的结构。

在发动机中，有一个和进气排气阀门开合大有关系的部分——凸轮（CAM）。将凸轮分为进气用和排气用，拥有两套凸轮轴的高性能发动机，就是双顶置式凸轮轴结构的。

很巧的是，仙人掌的这种用于干燥地区的光合作用系统也被叫作CAM。植物的CAM，是景天科酸代谢（Crassulacean Acid Metabolism）的缩写。虽然同写作CAM，但意思却大相径庭。

虽然C_4植物减少了气孔开合的次数，但是每次气孔打开的时候水分还是会溜出去。

而CAM植物，则对这一点进行了改良优化。

光合作用需要的太阳光只在白天才有。但是，如果在白天的高温下张开气孔的话，水分很容易就会蒸腾出去。

和C_4植物一样，CAM植物也同时拥有C_4循环和C_3循环。但是CAM植物只会在气温相对低的夜间打开气孔，而在气温相对高的白天，则把气孔完全关闭，靠储存的碳元素进行光合作用。如此一来，通过白天和夜间的这两套不同的系统，可以成功地抑制水分的蒸发。CAM植物的这个系统，和晚上用夜间电力制作冰或温水来储存热能供白天使用的电热水器的原理非常像。

◆ C4植物和CAM植物的光合作用系统

C_4植物

叶肉细胞

维管束鞘细胞

C_3 C_3 C_3 C_3

C_4二羧酸循环

卡尔文·本森循环

C_4 C_4 CO_2 C_5

葡萄糖

CO_2

C_4回路

C_3回路

白天

CAM植物

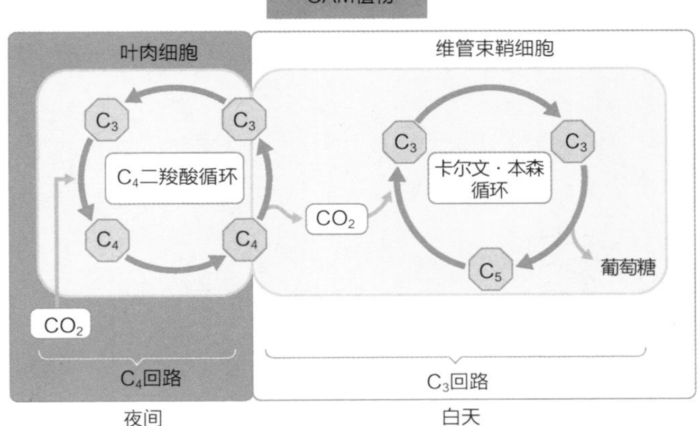

夜间 白天

CAM植物在温度偏低的夜间会进行C_4循环。

像仙人掌这样生长在干燥地区的植物，借由这种CAM光合作用系统，可以提高忍耐干旱的能力。除了仙人掌之外，景天和菠萝也是非常具有代表性的CAM植物。

小偷包袱皮上的藤蔓花纹

藤蔓花纹的原型是爬山虎

日本漫画中的小偷总是背着一个绿底白藤蔓花纹的大包袱。

这种藤蔓花纹，据说是起源于古埃及的一种古老花纹。在那之后，藤蔓花纹从埃及一直流传到希腊、波斯、罗马、印度、中国和蒙古等地，在全世界各个地区都广泛运用。在古坟时代5世纪的时候，藤蔓花纹从大陆传到了日本。所以说，在日本藤蔓花纹也是一种很有历史的花纹样式。

藤蔓花纹，其实是爬山虎的图形。爬山虎这种植物，生长得既快速又旺盛。而且它的茎具有非常强的生命力，可以延伸到各种地方。因为这些特点，人们把它当作一种长寿和繁荣的象征。这样说来，作为装饰物的狮子舞身上的花纹，也是藤蔓式样的。

◆ 藤蔓花纹

迅速生长的秘密

爬山虎是一种靠蔓来伸展的“蔓生植物”。不只是爬山虎，蔓生植物都具有生长迅速这一特点。比如说，喇叭花用一暑假的时间就可以从地上长到二层楼那么高。而苦瓜也是在不知不觉间就可以生长得把整个窗户覆盖住，就像一幅绿色的窗帘一样。

不接触阳光，植物就没办法生长。所以，比其他植物竞争对手更早地伸展开来，是非常重要的。从这点上来看，生长十分迅速的蔓生植物可以说是非常成功了。

蔓生植物能生长得如此之快，是有秘密的。

依靠着其他的植物或是支柱攀爬上来的蔓生植物，不像一般植物那样，需要靠自己的茎立起来。所以蔓生植物的茎无须发育得很挺拔，而是可以把相应的能量，用到茎的延伸上，使茎向更远处伸展。

此外，在蔓生植物的体内，输送水分的导管和输送营养成分的筛管都很粗，可以更加高效地运送水分和营养成分。可是一旦导管和筛管变粗了，结构上就会变弱。所以很多植物都选择了生成很多细细的导管和筛管，一边增强植物纤维一边生长。与之相比，无须挺拔茎部的蔓生植物则可以生成更粗的导管和筛管。

蔓生植物的结构

蔓生植物无法靠自己立起来，只能攀附在其他植物上。所以，它们有着各种各样的结构。

就像著名的爬满了爬山虎的甲子园外墙一样。爬山虎这种植物，能够攀附于大楼或是其他建筑的墙面。

爬山虎其实分为两类。一类是藤蔓花纹的原型，五加科的植物——常春藤。常春藤属于常绿植物，即使在冬天也是绿油油的。所以在日语中也被称为“冬茑”。除了常春藤，还有一种葡萄科的爬山虎。这种爬山虎到了秋天叶子就会变红，到了冬天叶子就会落下来，所以在日语中也被称为“夏茑”。

◆ **螺旋状的卷须会发生反转**

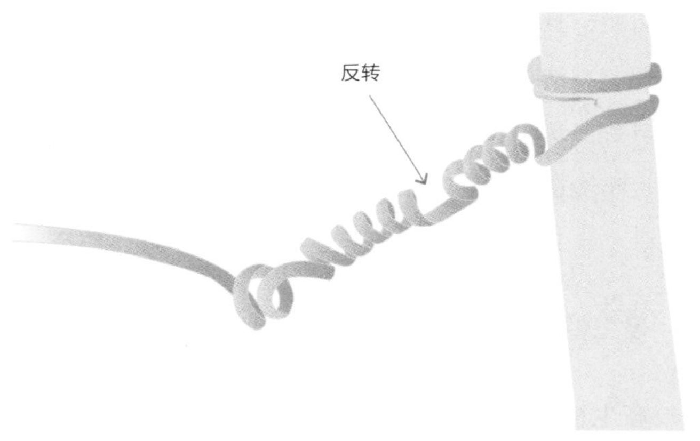

葡萄科爬山虎的卷须顶部长着吸盘。五加科的常春藤从茎部生长出来的吸附根上，也有着吸盘。它们靠着吸盘上分泌出来的黏液，粘在其他植物或墙面上。

牵牛花的茎部，也是藤蔓状的，这种藤蔓可以缠绕着向上生长。除此之外，苦瓜的叶子也可以演变成卷须，缠绕着生长。

植物的卷须，一旦接触到了什么物体，顶端就会打卷，呈螺旋状卷曲，把自身的植物体拉过来。这种螺旋状的卷须就像是弹簧一样，平缓地将植物体固定住。我们仔细观察一下的话还会发现，这种螺旋状的卷须在中途还会反转方向。其实，这样做是为了在被外力拉扯的情况下，也可以保持紧紧的缠绕，不容易被扯散。

藤蔓植物费了很多心思，终于实现了一边缠绕着其他的物体，一边迅速地生长的小目标。

雄树和雌树

植物也分雌雄吗

猕猴桃的树分为雄树和雌树。

如果只种植雌树，不种植雄树的话，雌树就没办法进行受粉，也就没办法结出猕猴桃了。

银杏树也分雄树和雌树，只有雌树才会结银杏。所以，有时候人们为了防止掉落的银杏把道路弄脏，会只种植雄性银杏树作为行道树木。

植物也分雌雄，这可以说是非常奇妙了。

但是，再想想看的话，所有的动物都是分雌雄的。这样想来，同一个花里面有雌蕊又有雄蕊，这种雌雄同体的现象似乎才显得奇怪。

其实，在动物中，也是有雌雄同体的现象的。比如说蚯蚓和蜗牛。蚯蚓和蜗牛，都没办法移动到太远的地方去。所以，雄性和雌性能相遇的机会非常少。因此，为了不论遇到雄性还是雌性都可以延续子孙，蚯蚓和蜗牛就逐渐演变成了雌雄同体的状态。

自花授粉的缺点

如果同一朵花里既有雌蕊又有雄蕊的话，用自身的花粉给雌蕊授粉然后结成种子，似乎是个便捷的好办法。但是实际上，植物或是借由风力，或是借由昆虫，大都把自己的花粉运送到其他的花朵那里去进行杂交。

用自身的花粉给雌蕊授粉的话，即使结成种子，种子也会保留和自己一模一样的性质。如果自身有一些疾病弱点的话，子孙后代也会继承这些缺陷。一旦这种疾病缺陷蔓延开来，自己的子孙们就将遭受灭顶之灾。

如果和具有不同性质的其他个体交换花粉，进行杂交的话，就可以培育出具有各式各样特性的子孙后代。这样的话，不管环境如何变化，不管前一代有着怎样的疾病缺陷，都至少可以保证后代不会全军覆没。

保持子孙多样性的办法

但是，一朵花里面既有雌蕊又有雄蕊的话，就会存在用自身的花粉进行受精的危险性。

为了防止这种情况发生，植物进化出了一种特别的结构。

植物的花朵中，雌蕊大多要比雄蕊高出一些。如果是雄蕊更高一些的话，花粉就会从雄蕊上掉落下来。所以，在植物的花朵中，雌蕊要更高一些。

除此之外，一些植物的花朵中，雄蕊和雌蕊的成熟期也是错开的。比方说，雄蕊先成熟，雌蕊后成熟，那么就算雄蕊的花粉落到雌蕊上，没有成熟的雌蕊也不具有受精能力，因此也就无法结成种子。反之，如果雌蕊先成熟的话，等到雄蕊成熟了可以产生花粉的时候，雌蕊早就已经停止受精了。

此外，有的植物还具有这样的结构：即使自身的花粉落到了雌蕊上，雌蕊顶端的物质也会对花粉发起攻击，阻碍花粉发芽，并终止花粉管的伸长。这种特性被称为“自交不亲和性”。

猕猴桃树为了不费这番工夫来阻止自体繁殖，从一开始就分成了雌树和雄树。

和其他的个体交换花粉，有利于子孙的多样性。但是，为了成功把花粉运送到其他的个体那里，植物自身必须要产出大量的花粉。而且，如果不能很好地把花粉送到，也没办法结成种子。所以，从短期来看的话，用自身的花粉给自己的雌蕊受精，从而结成种子的这种“自体受精”方式更加有利。所以，无法接触到花粉的人工环境下生长的野草，和在人类保护下生长的作物，有很多都采取了这种自体受精的方式。

法隆寺的柱子还活着？

柱子竟然在呼吸？

奈良的法隆寺，以保有世界最古老的木制建筑物为人们所熟知。

就算是钢筋水泥的建筑也无法屹立百年之久。而以木头为材料的建筑物却历经四百年风霜雨雪而不腐烂，依然保留着当年的风姿。这真是太令人吃惊了。

据说这种用“千年”的木头做成的柱子，还能再活一千年。是真的吗？

树这种植物，是一个很不可思议的存在。冰冰凉凉又枯燥无味的树干可以说是一点生命力都没有。到了冬天，树叶凋零、光秃秃的树干更是不知道是活着还是已经枯死了。虽说如此，树中也有着可以生长千年的长寿物种。

说树木做成的柱子“还活着”，并不是说它像生物一样地活着。因为柱子不会再生长，也不会再出现任何生命活动。

之所以说柱子还活着，是因为柱子会变弯曲，会和呼吸一样，从空气中吸收水分或是排出水分。但是，这只不过是死掉的细胞在吸收或是散发水分罢了。

法隆寺的柱子是心材

木材的中心，有着或发红或发黑的、颜色很浓重的部分。这个部分被称为心材。心材非常坚固而且不易腐烂，非常适合用来做柱子。

心材，是树木为了存活下去而形成的部分。白蚁和天牛之类的生物会蛀入树干取食。而蘑菇会使树木里面布满菌丝，进而把木材分解掉。为了抵抗这些外敌，树木会在木材的中央储存抗菌物质。而且，这些抗菌物质还能使木材变得更加坚固，可以起到物理上的防御作用。此外，这种抗菌物质的注入，可以堵塞运输水分和营养成分的导管和筛管，具有防止水分渗入内部使木材从内部开始腐朽的效果。在一些港口，我们经常能看到一些木材就那样漂在水面上，就是因为水分无法渗入木材内部。

正是由于使用了这样的心材，法隆寺的柱子才可以历经千年而不腐朽，支撑着整个建筑物，挺立如初。

不可思议的树木

但是植物为什么不让自己全副武装，而是只靠心材进行防御呢？

树木，是靠一种很难被分解的叫作木质素的物质使细胞结合的。植物原本柔软的茎部，就是靠这种木质素变得坚固起来，从而形成了树。

Lignin（木质素），在拉丁语中是“木材”的意思。

木材由于含有木质素，可以变得十分坚固。就算是细胞死掉了，也可以维持现有的形态。实际上，树的心材部分的细胞已经全部死掉了。所以，就算导管和筛管都被堵住了也不会有什么影响。但是，心材之外的部分的细胞是活着的。所以其他部分的导管和筛管一定不能被堵住。

心材周围外侧的部分，就是细胞存活的部分。外围靠近树皮的周边部分被称为边材。和心材相比，边材具有色泽更淡而质地更软的特性。

树木就是这样，用死掉的细胞来支撑枝干，而活着的细胞则越过这些残骸继续生长。但是，将活着的部分暴露在最外面的话可以说是毫无防备，所以树木会在此之上覆盖一层坚硬的树皮。熊一类的野生动物会剥下树皮为食。树皮内侧的部分被称为嫩皮。嫩皮中富含淀粉和蛋白质。这个嫩皮的部分，就是细胞存活的部分。

树木中心的心材已经死掉了，而死掉的细胞是无法自己储存抗菌物质或是堵塞导管和筛管的。我们仔细观察一下木材的话就会发现，在年轮的正交方向上，有着一种从中心向外侧发散的髓射线。这种髓射线就如同施工时所用的道路那样，把抗菌物质从还活着的外侧部分运送到树木的中心部分，形成心材。

树木就是如此，由还活着的部分和已经死掉的部分组成。这可真是一种不可思议的生物啊。

年轮的形成

我们观察一下柱子的原材料，也就是木材，就会发现，在截面上有着一圈一圈的年轮。书中介绍过，双子叶植物中，有着一种运输水分和营养成分的，被叫作形成层的组织。这种形成层通过细胞分裂、生长，使得枝干生长得很粗大。

◆ 木材的心材和边材

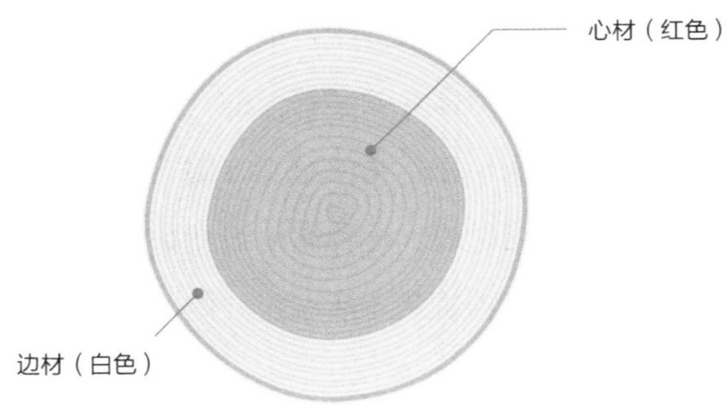

春天和夏天的时候，形成层中的细胞分裂非常旺盛，从而使枝干生长得很粗壮。可是到了秋天和冬天，生长速度就会减缓，甚至完全停止。等到了来年春天，细胞分裂又会再次变得旺盛起来，枝干也会继续生长得更粗壮。如此，树木就在生长旺盛和生长停滞间反反复复。

而秋天和冬天缓慢生长的部分就变成了一条线，成为年轮。一般来说，树木每年会形成一道年轮。所以我们要想知道这个木材的年龄的话，数一下年轮的数量就可以了。

直线木纹和曲线木纹的特征

形成层中运输水分的导管和运输营养成分的筛管都是纵向分布的。

能够抵抗横向作用力的东西，我们可以用纵向的力把它分裂开。我们用砍刀劈柴的时候，把柴竖着放的话，就可以很容易地劈开。如果横着放的话，就算是砍刀也是劈不开的。木材的纤维也是纵向排列的，所以我们用锯的时候也是这样，竖着锯的话就可以把纤维分裂开，而横着锯的话可以把纤维切断。

年轮的形状，分为垂直着年轮切下，使年轮呈平行状的“直线木纹”，和沿着年轮切下，呈不规则状的“曲线木纹”。

用作木板，更为高级的材料是直线纹木材。因为直线木纹的纹理更加均衡，不易弯曲。曲线木纹是顺着年轮切出来的，树干外侧的表层和中心的内层很明显地分隔开来。外侧的表层水分很多，而中心侧的内层水分很少。所以一旦遇到干燥的环境，木材的外侧就会收缩，进而发生卷曲。

◆ 直线木纹和曲线木纹

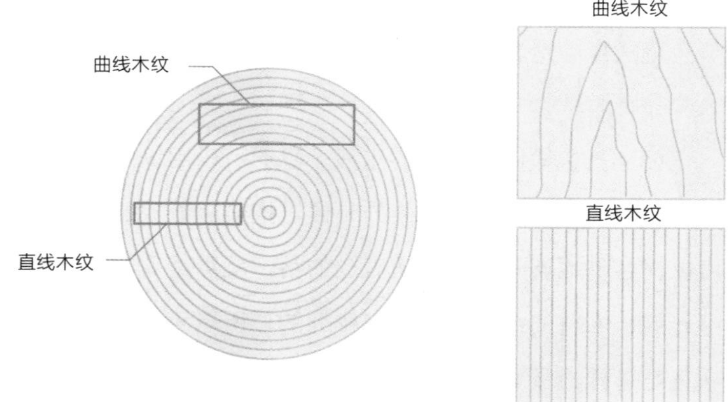

但是，这种易于弯折的曲线纹木材也有它的用武之地。秋冬季节造就的年轮部分不易透水，所以沿着年轮切出来的曲线纹木材也具有不易透水的特性。这样的木材，非常适合用作木桶、浴桶和船这类物品的原材料。

而直线纹木材中，除了年轮之外的部分都是可以透水的。所以它具有可以吸收水分，透气性和吸湿性好的特点。因此，直线纹木材很多都用来制作米柜、化妆箱或是鱼糕板之类的用品。就这样，古代的人们灵活地运用了两种木材的特点，聪明地将这两类板子区分使用。

生活中不可或缺的植物纤维

大有用处的植物纤维

“被神抛弃的人，可以用自己的双手创造命运。”

有一次，我在一个厕所里看到不知是谁写的这样一句话。日语中的“神”和“纸”的发音是一样的，所以这是一个谐音的小笑话。看到这句话后，我赶忙查看厕所里面的手纸还有没有。很幸运，我没有被抛弃。

生活中，纸是不可或缺的。如果没有纸的话，我们的生活将会变成什么样子呢？虽说现在被称为无纸化时代，但是我们身边其实到处都有纸的身影。没有纸的话，也就没有书本，没有工作用的资料。没有纸，甚至连钞票都没有了。

纸张的原料，就是植物纤维。

植物的纤维非常结实，所以人们从很早就开始从植物中提取纤维并加以利用。把植物纤维拧起来，可以做成绳子；把植物纤维竖着横着按照一定规则编在一起，可以做成编织物；把纤维零乱地打散，再把这些分散的纤维脱水烘干后，就得到了纸。我们把纸撕开，仔细观察撕开的断面的话就会发现，断面上有一些小细毛，这就是植物纤维。

植物和动物细胞的不同

植物的细胞和动物的细胞，基本构造都是一样的。但是，两者最大的差别，就是植物的细胞有细胞壁这一点。植物的细胞壁，是由纤维素构成的。

纤维素，是由植物产生的葡萄糖组成的。同样由葡萄糖聚合而成的物质还有淀粉。但是和淀粉相比，纤维素要更加坚韧。纤维素的分子之间存在稳定的氢键和葡萄糖，所以不会轻易被损坏。

在很久很久以前，恐龙在地球上诞生的时候，在水中生长的藻类植物为了能够登上陆地，必须形成可以支撑身体的物质。所以，这些原本在水中生长的植物就以糖为材料生成了纤维素，最终实现了走向陆地的愿望。

食物纤维为什么对身体好呢

纤维素非常坚韧，所以哺乳动物就算吃了植物纤维也没办法把它们分解掉。因此，就像书中前面介绍的那样，在以草为食的草食动物的消化器官中，共生着可以使纤维素发酵、分解的微生物。

遗憾的是，人类无法像牛或马那样，在体内分解纤维素并加以利用。但是，植物中的纤维素对人的身体健康也是非常有好处的。这是为什么呢？

人类吃掉植物纤维的话，会增加以植物纤维为食的乳酸菌、双歧杆菌等肠道有益菌的数量，从而调整肠道状态。此外，植物纤维还可以吸附有害物质，通过增加便量刺激肠道，达到通便、给肠道做大扫除的效果。所以，虽然植物纤维里不包含营养，但依然可以调理我们的身体。

在我们畅快地如厕后，还会用由植物纤维做成的纸来做个人清洁。如果没有植物的话，人们就没法用纸，那么如厕后的清洁就是个问题了。

如果不好好珍惜用纸的话，可能人类在不远的将来就会被神明抛弃……

我在厕所里面看到的那句话，没准儿就是对人类的警告。

植物的行星——地球

有着38亿年历史的地球

在科幻电影中登场的不远的未来是下面这样的场景：

原本生机勃勃的大地被放射性物质污染，许多生物都走到了灭绝的边缘。与此同时，以放射性物质为食的新型怪物却在不断地进化。

这绝不是只在电影中才会发生的事情。实际上，它讲述的正是地球历史和生物进化的过程。

地球上第一个生命的诞生，是38亿年前的事情了。

在很久很久之前的某一天，一种完成了惊人进化的生物出现了。这就是植物的祖先——浮游植物。拥有着叶绿体的浮游植物，可以进行光合作用，将二氧化碳和水合成能量源。

进行光合作用的话，无论如何都会产出一些废弃物。这些废弃物就是氧气。虽然氧气现在是生物必需的生命之源，但是在很早之前，它还仅仅是一种可以让所有东西都生锈的毒性物质。

但是渐渐地，进化出了没有被氧气毒死，而是把氧气吸收进体内，进行生命活动的生物。这种生物就是动物的祖先——浮游动物。对于它们来说，氧气不仅没有毒性，还可以产生出爆发性的强大能量。吸收了氧气的浮游动物可以产生强大的能量，灵活地来回移动。而丰富的氧气组成的胶原蛋白，则可以让它们的体型生长得更加庞大。这就像是科幻电影里面，接触放射性能量后变身的巨大无比的怪兽一样。

改变了地球环境的植物

还不仅仅是如此，大量的氧气通过光合作用被释放到了大气中。这使地球的环境也发生了很大的改观。氧气遇到紫外线，就会变成臭氧。这样一来，大量的氧气遇到紫外线，变成了大量的臭氧，最终形成了臭氧层。臭氧层可以吸收有害的紫外线，保护地球上的生物免受紫外线辐射的伤害。于是原本在海中生长的植物，也逐渐进化到了陆地上来。植物们慢慢地改造着地球环境，把它变成更适合自己生长的家园。

原本在地球上繁荣旺盛的厌氧性微生物，大都因为氧气的存在而灭绝了。仅剩的一些幸存下来的微生物们，也只能藏身于没有氧气的地下或是深海中，无声无息地生长。

如果外星人观察人类的话……

终于，时代轮转，人类出现了。

人类创造了文明，燃烧煤炭和石油等化石燃料，消费着大气中的氧气，使二氧化碳浓度急剧上升。而人类世界排放出的氟利昂气体则破坏了臭氧层，使有害的紫外线辐射再次照向了地表。

人类，简直就像是要让已经被植物改变了的绿色星球，再次变回生命诞生前的那颗荒芜行星一样。还不光如此，人类大肆砍伐树木，破坏森林，使荒漠的面积越来越大。这简直就是要穷尽植物给我们提供的氧气。

如果外星人观测我们的地球的话，对人类的这些行为，会有什么想法呢？它们是会觉得，人类竟然要让地球环境恢复到那个无法生存的古老状态，真是一种“勇气可嘉”的生物啊，还是会觉得，人类可真是一群破坏自己绿色星球、生存家园的傻瓜呢？

后记

可能很多人都会觉得，“生物学”是一门只需背诵就可以掌握的学科，尤其是其中的“植物学”，更是乏味枯燥，令人提不起兴趣。

但是，真的是这样吗？

植物都是有生命的。每个植物其实都充满着各种谜团，远比我们想的要不可思议得多。而植物的生活方式，也远比我们想的要生动活泼，有戏剧性得多。如果这本书可以让大家体会到植物的魅力，那我就实在是太高兴了。

“即使学了植物学，好像对我们的生活也起不到任何作用”，可能还会有人这么想。确实，植物学这门学科，对我们的实际工作或是社会生活基本没有什么用处。

但是，我们的祖先们就是通过开发利用植物的各种各样的用途才生存下来的。我们吃的蔬菜也好水果也好，全部都是植物；做成柱子和板子的木材，是植物；做成衣服的麻和棉，也是植物。在古代，不管是食物、衣服、住所、工具、肥料、药材，还是燃料等，所有的东西都是由植物做成的。在现代，我们可以用化学制品和石油制品制作出各类物品。可能有人会觉得，古代的那一套已经是陈旧古老的老皇历了。然而事实却并非如此。

化学制品和石油制品用过之后，最终都会成为无用的垃圾。而植物制品在用过后，还会回归土地。此外，植物是在阳光下生长起来的。也就是说，植物是太阳能源下产生的可再生资源。过去的人们已经详尽了解植物的特征，最大限度地将植物加以利用。说古人们是很伟大的植物学者也不为过。通过学习植物学，在未来将要直面各类环境问题的我们可以获得很多智慧。

不仅如此，对于人类来说，植物是一种非常不可思议的存在。

有的人会觉得漂亮的蝴蝶很恶心，也有的人会觉得可爱的小狗很恐怖。但是，应该没有人会觉得植物的花朵不好看吧。

人们看到花朵，就会觉得很美丽。

植物绽放出美丽的花朵，其实是为了吸引昆虫来帮忙传播花粉，并不是为了让人类欣赏的。对于昆虫来说，花朵的花蜜和花粉是它们的食物。所以昆虫喜欢花朵，是理所当然的事。但是，对于人类的生存来说，花朵却是很无关紧要的东西。人类对于花的喜爱，其实并没有一个合理的理由。

即使这样，人类却还是如此喜欢花朵，看到美丽的花朵就有被治愈的感觉。说起来还真是很不可思议。

不光如此，我们还能从植物身上感受到“生命力”，学习植物的“生存方式”。

2011年3月，日本发生了前所未有的灾害——东日本大地震。

被海啸席卷的樱花树，到了时节依然开出了美丽的花朵；被污泥瓦砾压倒的康乃馨，在淤泥中依然坚强地发芽、开花。植物这样坚韧不拔的生命力，给了人类莫大的勇气和鼓舞。

在受灾地区，很多人开始种花。人们播撒下的种子，最终都生根发芽，还给了大地一片绿色。在一片明媚的花朵中，人们看到了重振家园的希望。

植物，并不是为了鼓舞人类才开花的。

但是，当人们看到植物顽强生存的姿态，心总会被治愈，希望总会被点燃。

植物，是一个不可思议的伟大存在，而爱惜着植物的人类，其实也是不可思议的、了不起的存在。

出版本书的PHP研究所的畑博文先生，在本书策划和出版时给予了我很多帮助，在此表示感谢。

稻垣荣洋